極簡
行銷課

什麼都能賣！
創造流量、達成業績的關鍵 5 步驟

唐納·米勒 DONALD MILLER
J.J. 彼得森博士 DR. J.J. PETERSON——著
周怡伶——譯

MARKETING
MADE SIMPLE

A Step-by-Step StoryBrand Guide
for Any Business

推薦序　以客戶的視角出發，才能吸引客戶的目光

解世博

不論您銷售的是產品或是服務，想要吸引客戶、培養信任、讓客戶更進一步了解您的產品，直到下單購買，這絕對需要一套銷售漏斗才能辦到。但是，您的銷售漏斗是只有模糊的概念？還是有具體的執行方法呢？

《極簡行銷課》的兩位作者唐納．米勒及 J. J. 彼得森博士，以多年的實務經驗，提出建立有效銷售漏斗的關鍵五步驟，以及執行計畫，帶著您一步一步建立屬於您的銷售漏斗。

書中各章節中所談的執行方法，都是以客戶的視角出發，針對客戶的問題和需求著手，讓您的數位行銷計畫能夠吸引客戶的目光。

例如，關於品牌故事，書中就提醒：大部分企業犯的大錯是，說自己的故

事給顧客聽，好像顧客會感興趣似的。顧客感興趣的不是你的故事；他們感興趣的是，被邀請進入一個能夠讓他們生存，並且最終獲勝的故事。

而整本書讓我獲益最多的，就是文字的力量。我們能用文字做到更有影響力的傳達，但我們卻漫不經心地使用它們。

當然，您一定和我一樣想知道：如何建立高效網站？如何設計名單蒐集工具？如何以電子郵件培養客戶、促請客戶下單？

書中提到許多具體可行的方法，尤其每個段落都有「換你試試」，保證會觸發您許多的思考。

在這充滿各式行銷的年代，結果就只有兩個：能夠吸引客戶的目光，或是客戶掉頭離開。相信這本《極簡行銷課》將協助您成功吸引客戶的目光，帶來獲利！

（本文作者為行銷表達技術專家／超業講師／Podcast銷幫幫主）

CONTENTS

第二部　極簡行銷銷售漏斗

前言　行銷應該要簡單，而且有效

無論你經營的是小生意或大企業，最簡單且最棒的行銷計畫，始於銷售漏斗。

無論你賣的是什麼，如果你是用語言文字來銷售你的產品，就有銷售漏斗在運作。

一個優質的數位行銷計畫，最基礎的就是銷售漏斗。

雖然說整個行銷計畫涵蓋的範圍比數位行銷更廣，但你的數位行銷策略，包括網站、名單蒐集工具、電子郵件，這些是其他行銷活動的基礎。

不過，最重要的是，你需要一個銷售漏斗，這本書就是要教你怎麼建立銷售漏斗。

銷售漏斗是獲取潛在客戶，並轉換爲成功銷售的方法。

每個創業者、企業主、行銷人，都必須知道銷售漏斗如何運作。無論你是自己打造，或是找其他人幫你打造銷售漏斗，這本書將列出一份檢核清單，讓你逐條確認建立有效銷售漏斗必須知道的每件事。這本書每一章都會提供要訣和策略，讓你正確打造每一道環節。

在極簡行銷課網站 MarketingMadeSimple.com，你可以下載免費的銷售漏斗空白頁，再配合這本書，就能幫你節省非常多時間跟苦惱。

在我的公司「故事品牌」，我們協助超過一萬家中小型公司及大型企業建立高效的銷售漏斗，幾乎所有企業就從填寫這幾張紙開始。

這本書的目的是讓行銷策略的執行變得更容易。行銷這件事，我們可以花費整天時間紙上談兵，但唯有你眞正去執行它，才會賺到錢。

大部分行銷計畫並不是敗在目的或哲理的溝通，而是敗在執行。人們就是沒有徹底執行它。

去年，我旗下的撰稿人 J. J. 彼得森博士交出他的博士論文，題目是「故事品牌」的訊息架構。在這篇論文中，他成功捍衛了一個想法，那就是這套架構適用於所有企業，不管是大企業或小公司、B2B或B2C。不過，他發現這套架構的成功取決於一個關鍵要素：執行。這本書的重點就是執行，這本書的存在就是要幫助你確實做好行銷。

如果你有一個清楚的訊息，但是沒有銷售漏斗，你的公司不會成長。顧客會認爲你無法解決他們的問題，他們會離開，去找其他可以解決問題的人。

不要浪費錢在沒有效果的行銷

如果你還沒開始花錢在行銷上，這本書會讓你省下數千美元、甚至百萬美元。如果你已經花錢在行銷上，那這本書會讓你不再浪費。

我們經營「故事品牌」幾年來，見過許多行銷公司，它們賣給你新的視覺識別標誌、新的企業識別色、品牌原則，還有臉書廣告及登陸頁面，但是，如果沒有銷售漏斗，這些大部分都不會管用。

J. J.和我訓練了「故事品牌」數百位經過認證的行銷指導專家，在這段期間實驗過幾十個行銷點子，而我們一再強調的，都是行之已久且禁得起考驗的銷售漏斗。

這本書裡的檢核清單，會使你得到滿意的結果。

如果你是創業者或企業主，或是在大型組織裡的行銷部門工作，這本書是個簡單易懂的藍圖。

如果你是行銷人員，可以把這本書當成新的教戰守則。如果你是企業經營者，那就把這本書交給你的行銷團隊，要他們按照這份檢核清單來建立行銷計畫。

付錢做無效行銷是不對的

行銷公司收了你的錢，卻沒有讓你得到回報，這是錯的；而你花了時間和心力，卻沒有得到回報，這同樣不對。你的時間非常寶貴，不該這樣浪費掉。

如果你讀到這本書，而且需要協助，請上極簡行銷課網站MarketingMade

Simple.com，你可以找到經過認證的行銷指導爲你建立銷售漏斗。不過，即使你雇用專家，這本書依然很重要，它能告訴你這位專家會做些什麼事。徹底了解你的行銷計畫應該是什麼樣子之後，你就能對行銷計畫提出寶貴的指示及回饋。

行銷並不需要很複雜，只要做到本書列出來的事項，你會對行銷有信心，發展出自己的使命，並與顧客連結。

讓我們開始吧。

第一部

建立關係的三個階段

第一章

你絕對不會後悔的行銷計畫

二十年前，我剛寫完第一本暢銷書。在那之前，我寫過一本書，但唯一買那本書的人是我媽媽，所以不算。我試了兩次才寫出人們眞正會想讀的書。我聽說，第二次就寫出暢銷書相當罕見，九九％的作家無法靠寫書來糊口，我是幸運的。

寫出那本暢銷書之後，我心想，接下來每件事就很容易了。我以爲在那之後我寫的每一本書都會暢銷，每次演講都會有幾千個人來聽，我的書會被改編成電影，我會成爲文學界跟好萊塢的風雲人物。

結果是，以上這些事並不會發生在九九％的暢銷書作家身上。

寫出一本暢銷書是很大的幫助，但數以千計的暢銷書作家，收入跟影響力都會隨時間漸漸變小，到最後就沒有作品問世了。這種情況差點發生在我身上。

我沒有建造一個平台，而是停留在過去的成功。身爲成功作家（以及人類），我沒有好好把握這個機會，算算大約浪費了十年時間。

如果能回到二十年前，這本書會是我寫給自己的一封信。

如果能回到二十年前，我會坐下來，教自己一套基本的行銷計畫。我知道這聽起來很奇怪，卻是肺腑之言。

缺乏行銷計畫，讓我付出高達幾百萬美元的代價，大大損失國際影響力，也失去可以至少完成一些夢想的機會。

可是別誤會，後來事情慢慢好轉，而那唯一的原因是，我執行了這項計畫。

高效行銷計畫的五步驟

簡而言之，二十年前，我應該趁著作品暢銷的氣勢，做到以下這五件事，然後我應該繼續做、不斷地做。

這五件事務實到極點：

1 創造品牌劇本。我應該把我的訊息講清楚。

2 打造行銷金句。我應該把那個訊息濃縮成一句話。

3 建立登陸頁面。我應該詳細講述那個訊息，並以一個清楚且具說服力的網站呈現。

4 設計蒐集潛在客戶名單的ＰＤＦ。我應該利用名單蒐集工具，取得潛在客戶的電子郵件地址。

5 透過電子郵件宣傳。對於那些提供電子郵件地址的人，我應該贏得他們的信任，方法是寄出對他們有幫助的電子郵件，內容要能夠務實解決他們的問題。

這本書是關於建立一個平台使你的公司業務成長，我會用最簡單的方式聚焦在這個主題上。

大部分的企管書籍，理論太多而實戰應用太少，但J. J.和我在這本書中會告訴你應該要做什麼，以及要以什麼順序去做才是有效行銷。

這套行銷計畫會把你救出泥沼

當初我學著如何執行這套行銷計畫，是因爲我必須這麼做。二十年前，我的書暢銷幾百萬冊，之後我卻失去一切。因爲我把賺到的錢都投入一項投資，結果血本無歸。

九月，某個明亮又涼爽的星期一早晨，我接到一通電話，電話那頭說我投資失敗，畢生積蓄化爲烏有。

那是人生中最難過的一季，我覺得自己把一切都揮霍掉了。

那次慘痛損失之後幾個星期內，我明白到自己並沒有爲我的事業負起責任，我讓外部的經理人、公關、投資人、出版社來指導我。

當下我決定，我要成爲自己人生的CEO，我要做決策。

我打掉重練。

我並沒有去寫另一本書，把書稿交給出版社，然後希望它能成爲另一本暢銷書。而是，我自費出版下一本書，並且成立一家小公司。我開始尋找不昂貴但有效的行銷計畫，經過幾年的實驗之後，產生了這本書所講述的行銷計畫。

今天，妻子貝絲和我共同擁有一家公司「極簡商業課」，任何追求成長的人不需要負債去上昂貴的商學院，我們提供不昂貴的線上企管課程。

才過七年，如今我們每年捐給慈善機構的錢，多過那個星期一早晨我損失的錢。

這一切是怎麼發生的？重複做這套簡單的行銷計畫五步驟，就是我成立自己的公司、重建自己人生的方法。

好消息是，你不需要損失所有金錢才能建立一家很棒的公司，依循本書的行銷計畫五步驟，第一次就能正確讓你的品牌成長。

如果你是爲大公司工作，這套行銷計畫適用於每一個項目，以及每一個項目裡的每一個產品。沒錯，你可以用這本書建立許多不同的銷售漏斗。事實上，我推薦的正是如此。當你建立起第一個銷售漏斗後，就開始著手建立下一個，最後你的行銷計畫會有許多銷售漏斗，每一個都在賣你的產品及服務給不同客群。

無論是要建立兩、三個銷售漏斗的小公司，還是幾百個銷售漏斗的大公司，這套行銷計畫都有效。

你不必苦苦掙扎於行銷，你可以滿懷自信、引以爲榮，並且看得到回報。

如果你執行這本書的行銷計畫，你就會成功。

第二章

建立關係的實際階段

爲什麼人要產生好奇、受到啓發後才做出承諾

我們的行銷計畫五步驟，邀請人們進入與你的品牌產生信任的關係。這樣你不只會賣出更多產品，顧客也會開始把你和你的銷售人員、甚至把你的產品當成提供協助的朋友。

了解建立關係的各個階段很重要，它會幫助我們理解銷售漏斗必須達成什麼。

我們都希望人們了解，我們的產品能夠幫助他們解決問題，這樣他們才會

購買。

光是要求人家買你的產品是行不通的，至少當下行不通。

請人家買你的產品，這是一種建立關係的提議，而建立關係是有規則的。

要人家買我們的產品，多半就像一個害羞的年輕男孩邀請女孩去約會一樣。在走廊上笨手笨腳地走向她，用爸爸教的強而有力的方式跟她握手，然後開口問她：是否願意跟我，以及剛買了新車的媽媽一起去看電影？（這個例子來自我的一個朋友。）

天知道這段關係是否走得下去，以那個男孩的立場來說，希望如此。不過，如果男孩了解一段關係是怎麼建立的，那會更好。事實是，關係需要時間來建立。

無論這段關係是愛情還是友誼，甚至是跟品牌之間的關係，所有關係都要經過三個階段，而這三個階段不能匆忙。

建立關係的三階段分別是：

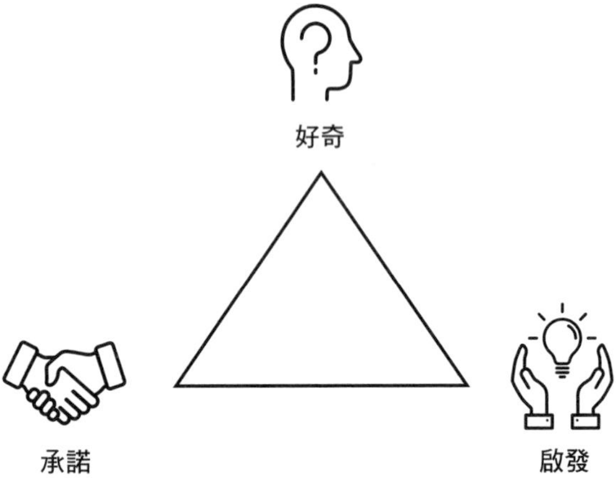

圖 2-1

1 好奇
2 啟發
3 承諾

除非人們對你產生好奇（你有某個東西可以幫助他們生存），否則人們不會想被你啓發（更進一步了解你）；直到他們受到啓發，了解到你的產品可以幫助他們生存，否則他們不會做出承諾。

你所擁有的每一段關係都經歷過這三個階段，跟品牌的關係也一樣。

每個顧客都走過的歷程

最近我開始研究高端的音響設備。妻子和我住在田納西州納許維爾，這座城市有很多人都在音樂產業，我們舉辦的小型聚會經常有正在製作新專輯的音樂人來參加。

大約五、六次即興聆賞之後，我了解到，我家廚房那個小小的藍芽喇叭不夠好。

我花了一些時間Google，找到一家小公司「奧斯華茲米爾音響」，它爲顧客量身訂做音響設備。在它的網站上，那些唱機和喇叭的照片都好漂亮。光是唱機本身就有三、四十公斤重，喇叭看起來像老式足球場拆下來的金屬號角喇叭，所有東西都安裝在漂亮的實木上。照片中有個男人正在播放黑膠唱片，他身穿一件很酷的針織衫，看起來就是個很懂音響系統怎麼運作的人。總之，這套音響跟這個網站介紹產品的方式有點與眾不同，讓我產生好奇。

但是，這種好奇是怎麼產生的呢？還有，我到底在好奇什麼？我後來有沒有買那套音響，等一下再告訴你。先來探索我們要做什麼，才能讓顧客對某個品牌更有興趣。

第一階段：好奇

這個人、這個產品或服務，能夠幫助我生存嗎？建立關係的第一階段是好奇。

在這個階段，你見到某個人，你想知道更多對方的事。若是在聚會中，就是你離開之後還會想要有第二次互動的人。可能是因爲你們以前上同一所學校，也可能是因爲你們在同一個專業領域裡，對方的資歷比你多幾年。

你並沒有察覺自己對這個人產生好奇的原因是：你感覺到這個人可以幫助自己生存或茁壯。

你可能會想：一個跟你上過同一所學校的人，怎麼會對自己的生存有幫助？其實，決定誰能幫助我們生存的那道濾網相當微妙且特定，你的濾網是一個精細到不可思議的儀器。

那個跟你上過同一所學校的人，解決你覺得孤單的問題，你覺得他跟你有同樣的生命經歷。

我們傾向於蒐集那些跟我們有同樣經歷的人，原因就是：他們讓我們覺得屬於同一個部族。

順道一提，孤單是一種脆弱的狀態。人類以家庭或部族爲單位來行動，可能有某些季節我們是孤單的，但大部分時間，我們喜歡跟其他人在一起。

當碰到某個跟自己一樣的人，我們會覺得安全，主要是因爲我們比較了解那個人。摸不清一個人的底細，會讓我們覺得有點受到威脅，而相似性可以較快打破這種威脅感。

如果交談的對象是在事業上比我們略微資深，那麼對方能夠幫助我們生存的方式就比較明顯。他們可以幫助我們避開陷阱，或是知道某些策略，能讓我們的事業進展得快一些。

當然，這些想法都不是在有意識的狀況下產生的，但是確實存在。一個人、一個產品或品牌，若它可以幫助我們生存或茁壯，就會在我們體內啓動生存機制，引起我們的好奇。

好奇是迅速的判斷

一段關係中，好奇這個階段大部分都是迅速的判斷。快速掃視周遭環境，就跟快速瀏覽一疊郵件很像。我們會把任何看起來像垃圾郵件，或是無關生存的東西丟到回收箱；帳單、朋友寄來的信件、我們有興趣的型錄等等，會被歸類在需要處理的信件裡。在好奇這個階段，我們其實只分成兩大疊：留存跟丟棄。

這就是顧客的大腦運作方式，他們每天快速掃視的行銷文宣多達三千件，絕大部分會被丟棄，但是某些訊息會被放在留存那一疊。

我知道這聽起來很現實，不過這其實是正常且健康的。你我每個人都試著活出有意義的故事，不管決定活出什麼樣的故事，並不是每個人或每樣東西對自己都是有用的。

人類會蒐集實體的、情感的、社會的資源，來幫助自己在世界上生存。就像我家後院的松鼠會蒐集堅果一樣，爲了在這個星球活下來，我們會蒐集任何可能需要的東西。這並不是壞事，畢竟我們是靈長類動物，而靈長類動物非常擅長求生。

缺乏好奇濾網的人無法在世界上生存。事實上，沒有好奇濾網的人，甚至連早上走出家門都不可能。他會站在廚房裡，整天想著烤麵包機是怎麼運作的。爲什麼？因爲他的好奇濾網不會告訴他：你不需要知道烤麵包機是怎麼運作的，如果不趕快出門，上班就會遲到。如果這種事一再發生，他就會丟了工作。

重點是：如果不告訴對方爲什麼你可以幫助他生存，他會把你擺在一旁，甚至更糟，他會把你丟棄。

在行銷領域，網站標題、郵件主旨、提案的最初幾個字，以及名單蒐集工具、電梯簡報、主題演講的第一句話，還有其他上千件事情都要簡潔表達出你將以什麼方式幫助顧客生存。如果不是這樣，他們就不會聽。

如何通過某個人的好奇濾網？

那麼，我為什麼會對那套昂貴的音響器材感興趣呢？原因很多，而且大部分是傳達到我的潛意識。

讓我感興趣的最主要原因是：地位。一套音響系統不只聽起來好聽，這套漂亮的音響擺在我的客廳裡，看起來跟感覺起來都是質感高尚。人們看到它就會覺得我是個高尚的人（至少以我靈長類的心靈是這樣想的），所以，網站上的照片要盡力哄抬出這種高級感。不只這樣，那個身穿毛線衫的男人，他就是我想要成為的那種人。誰不想看起來比實際年輕十歲，穿著時尚的毛線衫，聽著艾爾．格林的唱片，背景還有另一半正在為他調製一杯威士忌雞尾酒呢？這超棒的！

我知道這一切聽起來很不理性，但是，讓我們產生好奇的原因很少是理性的。人們不是因為理性思考而購買產品、投票給某個候選人，或是加入某個運動。如果你看看四周，這很明顯。

總而言之，重點是，爲了激起某個人的好奇心，你必須建立關聯：你的產品爲什麼能夠幫助他生存。

顧客有興趣的並不是你，而是你如何解決他們的問題

大部分企業犯的大錯是，說自己的故事給顧客聽，好像顧客會感興趣似的。顧客感興趣的不是你的故事；他們感興趣的是，被邀請進入一個能夠讓他們生存，並且最終獲勝的故事。

在行銷計畫的第一階段，你不該訴說你的故事，而是顧客的故事可以怎麼變得更好，以此來激起顧客的好奇心。

光是好奇心還不夠

然而在這個階段，除了好奇，我其實還沒準備買下那套昂貴的音響系統。買下這套音響系統可不是只憑衝動，我需要更多資訊。

我渾然不覺進入關係的第二階段：我希望這家公司能夠啓發我，讓我明白他們的產品如何增加我生存的機會。

第二階段：啓發

在這個過程中，你的顧客會開始信任你。如果說，好奇心讓我們注意到某個品牌，那麼，啓發則是邀請我們進入一段關係。

我說的啓發，並不是「你會了解宇宙的意義」那種啓發，而是協助我們理解某些事物如何運作那種啓發。

能夠理解的人，就是受到啓發；不能理解的人，就是沒有受到啓發。地殼板塊曾經如何移動，你要麼理解、要麼不理解。同樣道理，物理、園藝、神經科學、挫冰怎麼做，這些都一樣。以我來說，除了剉冰怎麼吃之外，以上這些我都不理解。

如果希望顧客跟你的品牌進入下一階段的關係，你必須啓發他們，讓他們理解你的產品如何解決他們的問題、幫助他們生存。

以網站、電子郵件、某種形式的廣告或銷售展示，激起顧客的好奇心之後，顧客很可能會問的下一個問題是：「要怎麼做到？」

假設你賣的藥物可以治療宿醉，要怎麼做到？

假設你能提升教育品質而不必加稅，要怎麼做到？

假設你能以安全的方式驅離惱人的庭院害蟲，要怎麼做到？

你的行銷計畫下一階段應該是啓發顧客：你的產品如何解決他們的問題。

請注意，我並不是說要讓顧客理解你的產品是怎麼運作的，那不重要。你應該啓發顧客的是，你的產品如何解決他們的問題。

請別忘了，我們並不是談論自己的故事，甚至不是談論我們的產品。而是邀請顧客進入一段歷程，在這段歷程中，顧客的生活會透過使用我們的產品而變得更好。

被邀請進入這段歷程的顧客想知道的是，你有什麼工具可以幫助他們解決問題，這些工具如何幫助他們完成眼前的任務。如果他們搞不清楚你的產品可以如何幫助他們獲勝，他們就會離開，沒有購買。

顧客不會踏進迷霧中

覺得困惑是一種脆弱的狀態。如果你在一個交通規則不一樣的地方開車，困惑可能會讓你受傷。如果搞不清楚哪種莓果是有毒的、哪種是可食的，那可能會要了你的命！

人類大腦的設計是，理解某件事物時會體驗到愉快，無法理解某件事物時會感到害怕或抗拒。這是基本的生存機制，卻很少有公司在跟顧客溝通時考慮到這一點。

人們困惑時，或多或少會覺得暴露在危險中。因此，人們會迴避覺得困惑的情況，朝向能夠理解且有掌控感的環境。

這就是爲什麼政見訊息重複而簡單的候選人通常會打贏選戰，並不是因爲他們的方案會成功或經過縝密思考，而是因爲選民覺得能夠了解，並且將這種舒適感與能夠存活的感覺，跟這個候選人連結起來。

困惑得到的答案永遠是：不。

啓發你的顧客，揭開迷霧，協助他們看清楚你的產品如何解決他們的問題。

如果你的網站標題、提案的最初幾個字、甚至主題演講所說的第一件事，都是爲了激起好奇，那麼，下一個要傳達的訊息，就應該是回答「要怎麼做到」。

行銷應該要啟發顧客

在我的公司「故事品牌」，用來蒐集潛在客戶名單的工具，是一份叫做「你的網站應該包含的五件事」的PDF。我說服潛在客戶，他們的訊息不夠清楚，然後教他們如何以更清楚的方式傳達訊息。這個名單蒐集工具非常成功，因爲我的潛在客戶想知道更多，在客戶跟我的品牌建立關係的歷程中，這是很棒的「下一步」。

啓發顧客的方法有很多種，包括放在網頁最下方的長篇內容，或是現場活動，或是持續發送電子郵件，甚至一支影片。

我在音響器材公司的網站上繼續研究時，發現一支影片，那家公司的創辦人在影片中解釋聲波如何運作。原來，聲波會占據實際空間，有些聲波是一英寸寬，有些聲波是二或三英寸寬，這表示，如果喇叭的長寬高尺寸不正確，聲波就會扭曲。

這支影片讓我受到啓發，難怪我家廚房裡便宜的藍芽喇叭表現不好，它把珍貴的聲波壓扁了！

受到啓發之後，我明白了爲什麼這些昂貴音響器材發出來的聲音會傳達出極佳體驗。當然，我也更想擁有這種體驗了。

這支影片可以做得更好的地方是，如果能加上一行字，讓啓發跟生存之間產生連結：「這就是爲什麼朋友們不覺得你的音響系統有多好。裝上我們的音響，讓你的朋友們驚豔不已。」就可以賣出更多套喇叭。爲什麼？因爲你現在賣的大型號角喇叭不只是讓我聆聽音樂而已，它還幫助我跟族人凝聚，爲我的部落服務。

做行銷時必須思考：你是否激起顧客的好奇心，然後啓發他們明白這個產品如何協助他們生存、解決他們的問題、提升他們的生活？

在這本書中，我們會一步一步指引你如何做到。

但只停留在第二階段還不夠，我們跟顧客建立了信任關係，現在，必須請他們做出承諾。

第三階段：承諾

這個時候，你的顧客被要求做出一個冒險的決定。

顧客沒下單，主要有兩個理由：

1 **這個品牌從未要顧客下單。**

2 **這個品牌太早要顧客下單了。**

一段關係中，太早要求承諾是不會有好結果的。因為承諾有風險，而風險違反我們的生存機制。

讓顧客產生好奇，然後逐漸啓發他們，能夠降低風險感受，並大幅增加顧客做出承諾的機會，讓他們願意把血汗錢花在我們的產品上。

時機就是一切

第一次見到貝絲那天，我就知道自己想跟她結婚。後來我如願以償，當然，那是很後來的事了。但是我們初識那天早上，我所能做的就只有耐心等待，小步小步慢慢走。

那時候我為美國政府的一個專案工作，時常進出華盛頓特區，而她在我下榻的民宿工作。初識那天早上，我們坐在早餐桌邊聊天，我唯一的目標是不要把咖啡灑到我的襯衫上。那頓早餐我平安度過，而且我也看得出來，未來她還願意跟我聊天。

但這時候我搞砸了。接下來那個月，我們電子郵件往返，而我一直都沒有把我的意圖告訴她。我沒有約她出去，所以她以爲我只是想當朋友，以爲我開始跟別人交往。過了將近三年，我才有機會挽回這個錯誤。

當時我應該早點說的是，我很享受跟她聊天，下次去華府時很想約她出去。如果我當初那樣說，可能會早點展開一場很棒的戀愛。

我沒有開口約她出去的原因，就跟我們沒有要顧客做出承諾的原因是一樣的。我們有點害怕被拒絕，而且我們不想顯得緊迫盯人。

但是，時機成熟時，就必須讓對方知道我們的意圖，不然將會失去這段關係。

我們經常相信，保持被動是一種尊重顧客的方式。沒有要顧客下單，是因爲不想讓顧客覺得被打擾。然而，我們最不希望顧客說出口的話是：「我眞心喜歡那個品牌，我認爲它是朋友，但我不買它的任何產品，我都在它的競爭者那邊消費。」

這樣就糟了。

聰明人說，只有笨蛋才會趕鴨子上架。但是聰明人最後還是會採取行動。

慢慢行動，但是一定要動

在網站上放一個「立即購買」的按鈕並不會太緊迫盯人。顧客都希望知道這段關係到哪個階段了，你也要告訴他們，這是一段商務關係，本質就是交易。他們會尊重你的誠實。在你的網站上放一個「立即購買」或「馬上聯絡」的按鈕，能讓顧客了解你邀請他們進入的這段關係是什麼類型。

爲了銷售而裝成顧客的朋友，這種企業會降格變成使用者與跟蹤者。作爲企業領導者，我們對顧客的角色是値得信賴的顧問，顧客絕對會非常喜歡値得信賴的顧問。我們並不需要取代他們的父母或配偶，那會很奇怪。

在本書網站架構的章節，我們會教你如何邀請顧客下單購買，而且不會顯得緊迫盯人。

緊迫盯人是個問題。

一段銷售關係進行得太快，顧客會覺得受到威脅。這是因爲，下單購買這個決定，必然得拋棄一部分有價値的資源，以交換到他們希望能增加生存機會的資源。如果這個算盤打錯了，那會比購買之前受到更大的威脅。

這就是爲什麼很多人討厭去買車的時候，業務員急急忙忙從車廠衝出來。沒有人想要踏進「圈套」而放棄資源，而是希望被邀請進入一段歷程，在其中發現某項產品可以協助他們生存，而且它最好相當有價值。

社會關係也是一樣。一段關係中，要做出承諾，需要時間。

爲什麼承諾需要時間？因爲承諾代表關係中有人必須承受經過仔細計算之後的風險，承諾就是掏出資金。

緊迫盯人的關係並不健康

我們都記得中學時期的人際關係是什麼樣子。這禮拜有個最要好的朋友，下禮拜就換了一個人。我們對某人的愛只持續一個禮拜，下禮拜就換一個人來愛。隨著年紀漸長，這種轉換期開始慢下來，我們的人際關係變得比較健康。

如果有個成人每幾個月就愛上一個人，大部分人會認爲這個人不健康，也不會想跟這種人在一起。

我這樣說是因爲，當我們急著要談成生意或賣出東西時，顧客會聞到「不健康」的味道。

銷售漏斗應該要邀請人們進入一段歷程，絕對不要試圖去套取或迫使他們做出日後會後悔的決定。這是企業能存活幾十年而不是幾個月的關鍵之一。

我們希望顧客購買，卻讓顧客覺得失望，更糟的是，吸引到不健康、沒有清楚界線的顧客。後者常常會打電話進客服專線，製造的問題比那筆訂單的價值更多。

但你仍然應該追求成交。如果這段關係中，邁向成交的步調是正確的，即使顧客還沒準備好，也不會一拍兩散。所以，一定要激起顧客的好奇，在啓發他們時，讓顧客有拒絕你的空間，但同時還想要知道更多。

行銷的關鍵，也可以說是銷售的關鍵，就是以自然而健康關係的步調，邀請顧客進入一段歷程。

要建立一段好的關係，你必須保持接觸

那麼，什麼是正確的步調？我認爲，以大部分的產品來說，顧客必須經歷大約八次接觸，才會準備購買。

這裡的「接觸」是指：收到電子郵件、造訪你的網站、聽到電台廣告、參加某場主題演講，或是任何你發送的行銷訊息。

令人難過的是，爲了讓顧客達到八次接觸，你必須發送幾十次行銷訊息，而顧客可能會忽略。換句話說，爲了要顧客注意到你，你可能要試著接觸他們五十五次。

比較不貴的產品、越可能衝動購買的產品，接觸的次數會比較少。而越貴的產品，顧客越需要從你這裡了解產品，才會願意冒險。

跟顧客保持關係，最棒的方式一定是電子郵件。按照你建立的電子郵件行銷方式，你會持續引起顧客的好奇，進一步啓發他們，然後邀請他們採取行動。

在本書電子郵件的章節，我們會協助你寫出能做到這三點的電子郵件。不過，對你特別重要的是，促請購買的電子郵件。

邀請顧客進入建立信任關係的歷程，邀請他們購買你的產品，這一切都是透過電子郵件。

你的每一項產品都應該有一套電子郵件行銷辦法，你的銷售人員需要在不同的階段跟客戶互動。

控制關係步調的銷售漏斗

在一段關係中，第四次或第五次約會時，你說的話可能絕對不會在第一次約會時說。親密跟信任需要時間。

本書後面幾章會帶你建立銷售漏斗，以自然且讓人安心的方式跟你的顧客培養信任關係。

建立銷售漏斗時，你會勾起顧客的興趣，啓發他們，然後請他們做出承諾。銷售漏斗的不同部分會達成這些任務，最後，顧客會喜歡跟你的品牌互

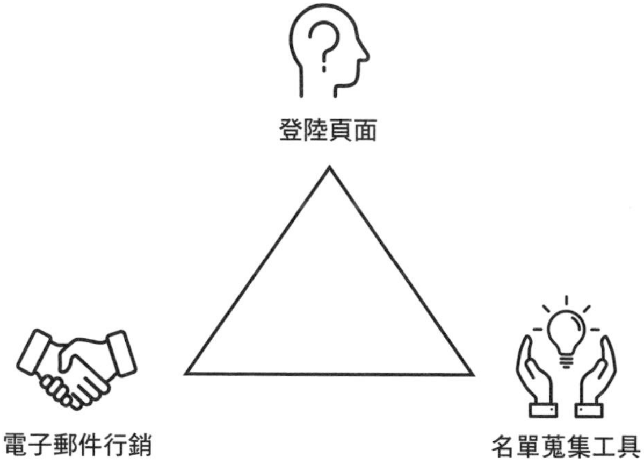

圖 2-2

動，因爲你尊重他們的自主權和空間。

評估行銷的強度

你是否做到，以網站、招牌、提案的第一頁、銷售人員的說話重點，激起顧客的好奇？

你是否做到，讓顧客了解你的產品如何解決他們的問題並協助他們生存，贏得顧客的信任？

你是否透過問候或直接詢問，邀請顧客下單購買？

一旦建立起銷售漏斗，你將邀請顧客進入一段信任關係，顧客會覺得安心、前後一致，而且在他們的生命中是有用的。

人們愛上某個品牌，原因就跟愛上某個人是一樣的。這個品牌幫助他們生存，並且讓他們在社交、情感、財務等等投資上得到豐厚的回報。

如果這種信任關係的建立，某種程度上可以自動化呢？

如果你或你的銷售人員跟某個潛在客戶坐下來談的時候，客戶感覺好像已經是第四次或第五次跟你的品牌約會了呢？

如果你跟某個潛在顧客互動時，他們的好奇心已經被激起，已經了解你的品牌可以如何解決他們的問題，這時候，成交機會將增加多少呢？

只要邀請他們進入一段關係，並且以正確的步調經歷各個階段，顧客就會愛上你的品牌。

「極簡行銷檢核清單」會指引你怎麼做。

第三章

極簡行銷檢核清單

許多公司把行銷跟品牌塑造混爲一談，這種困惑造成的代價是數百萬美元。

品牌塑造關乎消費者對你的品牌感受如何，行銷則是傳達一項特定的產品或服務。

品牌塑造注重字體大小、顏色、設計，行銷則是把正確的字詞安排好，以激起顧客的興趣並下單購買。

大部分人非常在乎品牌看起來或感覺起來如何，而忽略了傳達出顧客眞正要的是什麼：針對他們問題的解決方案。

想像你是美式足球聯盟的教練，你的時間九〇%花在選出新的球隊標誌、新的球衣設計，還有球隊在比賽當天要發給球迷的加油小物，這時候，你的球隊並沒有在做基礎訓練。

無論新的球衣有多漂亮，你的球隊都會輸掉。

我們很容易以爲品牌塑造比行銷來得重要。當可口可樂的新廣告出現在超級盃比賽時，我們的情緒會被牽動，希望人們也同樣覺得我們公司很棒。但是卻沒有想到，可口可樂是一個家喻戶曉的品牌。可口可樂發明於十九世紀，並在二十世紀初行銷得非常成功，花了數億美元告訴全世界可口可樂是什麼。不只如此，我們大部分人都嘗過，而且也喜歡。可口可樂是人們非常熟悉的品牌，這表示它可以投注更多資源在品牌塑造，投注較少資源在行銷。

現在，想像一家公司開發出某種汽車產品，可以讓你每年只換一次機油。你可以開兩萬四千公里才換一次機油，這簡直棒透了。但問題是，沒有人聽過這家公司。這時，菜鳥行銷人員會犯的錯誤是，爲這家公司塑造品牌，而沒有行銷這項產品。

一個缺乏經驗的行銷長可能會爲它想出品牌主張，例如「省時、省錢」，看起來好像還不賴，但是，再仔細看一下，對門外漢來說，這種語言是隱形的。假設你開車經過一條路，在廣告看板上看到某家公司的識別標誌，並且用大大的字體寫著「省時、省錢」，如果你不知道這產品是做什麼用的、它能解決什麼問題，那這句話對你有任何意義嗎？沒有！人們不會停下車，坐在引擎蓋上仔細研究這個廣告看板，而是以時速一百二十公里開過去。這塊廣告看板必須說：「每年只要換一次機油！」

不要變成隱形

大部分品牌會犯這種所謂「隱形第一印象」的錯誤。並不是給人的第一印象不好——但也不是好的——就只是隱形的。

我們曾經跟一家營養品公司合作，他們為我介紹公司的各種產品，說他們帶給顧客「更多生命、更多滿足」。這聽起來很棒，但同樣這句話，也適用於教會、企業高層教練、健身房，或是幼兒園！這些字眼，左耳進、右耳出，變成標準的行銷語言。這就是隱形第一印象。

身爲消費者，想想你每天看到的隱形第一印象。每天開車經過多少個廣告看板，而你完全沒注意到？電視或收音機裡有多少廣告流瀉而過，而你根本沒聽進去？想想看有多少錢花在這些容易被遺忘的廣告，放送到全世界。

我估計，大約五〇%廣告會犯這種錯誤。這些行銷人員做出沒人看、沒人在乎的隱形廣告。

極簡行銷會讓人們記得你的產品

銷售漏斗最後一定要做的一件事是：協助你的顧客記得你的產品或服務。好的行銷是一種記憶力訓練，成功的品牌都知道這一點。

在你的行銷金句中，以同樣的方式，重複同樣的語言，透過登陸頁面、電子郵件，幫你把品牌傳達到顧客心裡。

我們知道，只要十五分鐘，美國汽車保險公司 Geico 可以幫我們省下最高一五%的汽車保險費。爲什麼我們會知道這一點？因爲 Geico 的行銷讓我們進入一種記憶力訓練，讓我們記得它提供的產品。

顧客進入你的銷售漏斗之後，他們會記得你要他們記得的要點。顧客記得了你的要點，你就會在他們的腦袋中占據寶貴的一席之地。他們會知道，爲什麼你在他們的故事中是重要的，他們也能夠告訴朋友，爲什麼你對這些朋友也是重要的。

像這樣一傳十、十傳百的關鍵是，關於你的產品或服務，有個非常簡單的東西可以讓人們去思考與談論。

在建立銷售漏斗之前，你要想出三到四件跟品牌相關、你想讓顧客知道的事。

如果你已經了解「故事品牌」的架構，這就很簡單，只要從你的「品牌劇本」裡汲取，然後放到銷售漏斗的每一個地方。

如果你還不了解「故事品牌」的架構，請回答這些問題：

▼ **你為顧客解決什麼問題？**

▼ **如果顧客購買你的產品，他們的生活會是什麼樣子？**

▼ **你的產品可以幫助顧客避免什麼後果？**

▼ **某人要購買你的產品，需要做什麼？（點擊「立即購買」？還是「馬上聯絡」？）**

這些問題的答案應該簡短，而且容易理解。記得，顧客不想覺得困惑。

如果你是個牙醫，你可能會說：

你可以擁有更完美的微笑。

你會更喜歡自己的笑容。

現在就預約。

我知道這聽起很簡單，但我們跟好幾千個品牌互動，它們都沒有告訴顧客，到底它們提供的是什麼，到底如何讓顧客的生命變得更好。

行銷文案必須清楚，而不是可愛。簡化你的訊息，使用同樣的語言，重複再重複，顧客最終會發現你在他們生命中的位置。

極簡行銷確認清單

你所建立的每個銷售漏斗，都應該突破令人眼花繚亂的廣告，直接對顧客說話。

銷售漏斗是整個行銷的基礎。一旦建立起銷售漏斗，你的廣告活動應該支持這些銷售漏斗，把你的產品或服務賣出去。

如果你是靠視覺來學習的人，或是你正在找靈感，就從銷售漏斗開始。

銷售漏斗有許多類型，如果做得好，就會有效。極簡行銷確認清單是我們學到的最佳做法的總集合，已經幫助過上萬家企業建立有效的行銷計畫。

這套實用的工具將會在你跟顧客建立關係的三個階段協助你。

我們會協助你打造行銷金句，激起顧客的好奇心；建立網站及登陸頁面，使顧客明白你所解決的問題，進一步引發他們的興趣；利用名單蒐集工具，讓顧客了解爲什麼你的產品或服務會對他們有幫助；透過電子郵件培養顧客，建立信任關係；透過電子郵件及行動召喚請顧客做出承諾，而且不會讓你聽起來像是個庸俗的銷售員。

銷售漏斗的五個部分如圖3-1。

接下來幾章，我們將一步一步帶領你建立銷售漏斗。你可以利用這份清單逐條確認，確定你都有做到，而且做對。

一開始，你要透過行銷金句和網站來激起顧客的好奇心，然後提供免費下

好奇	啟發	承諾
• 行銷金句 • 網站	• 名單蒐集工具 • 培養顧客的電子郵件	• 促請購買的電子郵件

圖 3-1

載的PDF來蒐集顧客的電子郵件地址，以電子郵件培養顧客，帶領他們走過啓發階段；最後，發出幾封促請購買的電子郵件，請顧客做出承諾。在這份清單上，你所做的每件事都會加深顧客跟你的關係，並且朝向成功銷售。

接下來的每一章會有步驟指引，指導你如何寫出文案，告訴你如何執行。每一章都會解釋這麼做是基於什麼原因，這樣你才知道自己是不是做對了。

在執行的章節中，我們甚至會給你一套完整的計畫，包括一份會議排程和討論事項，這樣你跟團隊就能一起建立銷售漏斗。

執行是關鍵

我們最近聘請一家獨立研究公司針對我們幾千個客戶進行訪問調查，我們想知道，哪些客戶因爲我們的行銷計畫而獲得更大的成功。

彙整所有調查結果與數據之後，你知道是什麼因素影響最大嗎？並不是公司規模、背景、教育程度或商業類型。獲利成長最多的公司、在行銷省下更多時間跟金錢的公司，是那些眞正按照計畫執行的公司。接下來，我將帶領你逐步建立這套行銷計畫。顯著影響獲利成長的唯一因素是，你如何執行它。

結論是：在這份調查中，請我們的客戶比較獲利的程度，以及執行這份清單的完整程度，結果呈現驚人的高度相關，而且不分領域。就算只實行清單中的一部分，仍然顯示正向結果；但實行得越完整，得到的結果越好。

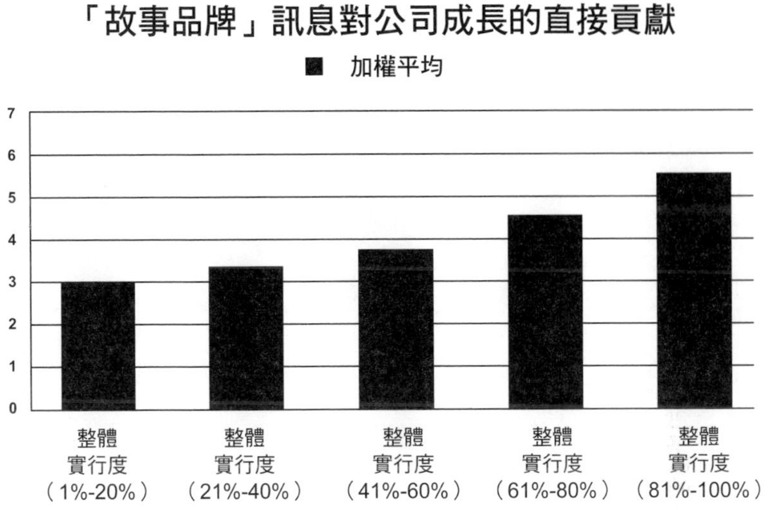

圖 3-2 實行度與成長的相關圖

將這份極簡行銷確認清單實行得越徹底的公司，員工會更有信心打造行銷訊息，行銷可以更省時、省錢。最重要的是，公司會越成長，越賺錢。

數據顯示，極簡行銷確認清單是有效的，而且對每個人都有效。

唯一的條件是，你必須執行它。

如果你希望J. J.跟我用影片的方式讓你了解極簡行銷確認清單，請上BusinessMadeSimple.com，在我們的線上平

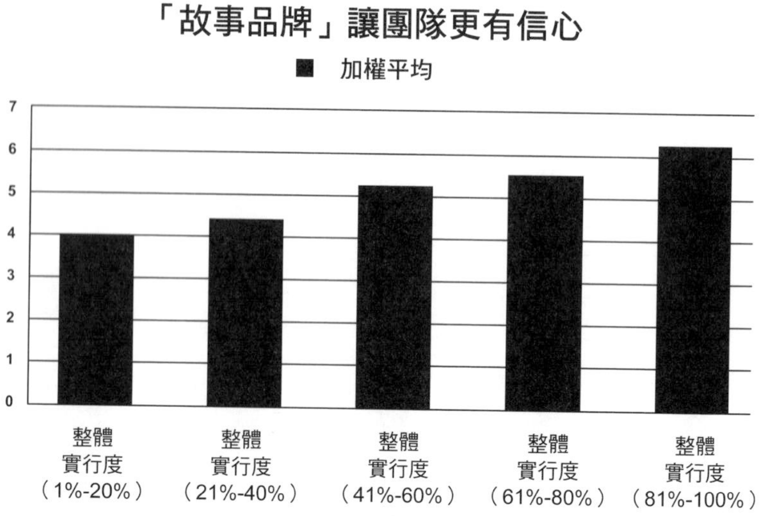

圖 3-3 實行度與團隊信心的相關圖

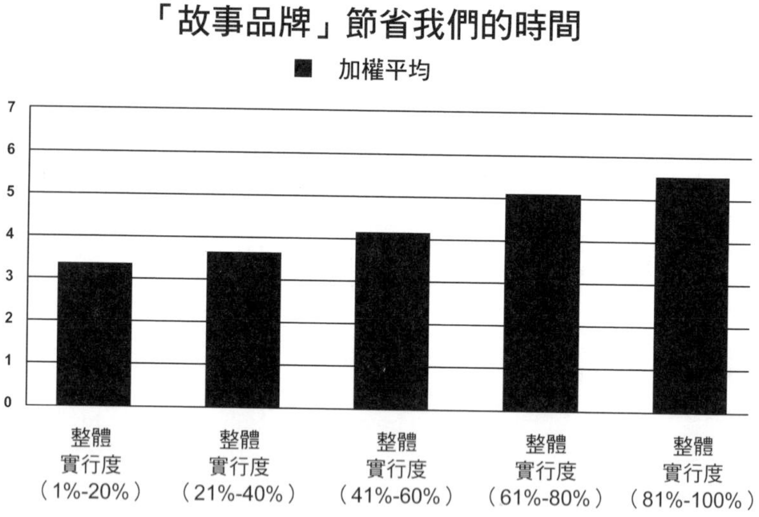

圖 3-4 實行度與節省時間的相關圖

台註冊，費用非常實惠。輸入折扣碼「Marketing」，將可獲得買一送一優惠，讓你和你的團隊以半價使用平台。

無論你是只讀這本書，還是聘請行銷指導，或是用我們的影片來學習，今天就承諾實行這套簡單的銷售漏斗，你將會看到成果。

本書第二部分是一步一步的過程，你將會創造五個行銷工具，用來建立銷售漏斗。

這五個行銷工具是：

1 **行銷金句。**
2 **網站或登陸頁面。**
3 **用來蒐集電子郵件地址的PDF。**
4 **培養顧客的電子郵件。**
5 **促請購買的電子郵件。**

一旦建立這五個行銷工具，並且推動執行，你的企業就會開始成長。

現在就做出承諾，一定要完成整個過程。不管你是公司執行長，或是領導一個部門，學習如何建立銷售漏斗，並且執行這套行銷計畫，會讓你領先一大堆專業行銷人。

大部分行銷人相信行銷是一門藝術，而不是科學，但我們不認爲如此。雖然行銷有些藝術成分，但它大部分是很科學的。而且，它是一門你可以學習的科學。

從今天開始，我指定你爲兼任行銷。不管你的工作內容是什麼，都要在最後加入「兼任行銷」這一項，開始創造、練習、熟稔，並且執行這套計畫。

還有，別忘了，要玩得開心。

現在，讓我們開始創造眞正有效的行銷計畫。

一定要到極簡行銷課網站MarketingMadeSimple.com下載免費的銷售漏斗空白頁，這樣你就可以實際在紙上操作。跟你的設計師一起討論執行銷售漏斗，或是造訪MarketingMadeSimple.com，聘用「故事品牌」的行銷指導，我們的專家可以爲你建立銷售漏斗。

第二部

極簡行銷銷售漏斗

第四章

打造行銷金句

使業績成長的神奇句子

神奇咒語是眞的存在。

記得小時候在後院把樹枝當魔杖來玩嗎？用魔杖指著貓，要貓變成一隻兔子，以咒語「天靈靈地靈靈」召喚宇宙的威力。

我不知道你的情況如何，但我的貓從來沒有變成兔子。

但是有天下午，我還眞的讓妹妹的金魚起死回生。我們上教會回家之後，發現牠浮在魚缸水面上。我在後院用湯匙挖了一個洞，同時對牠說了一小段祈禱文，金魚居然又翻動起來。

直到現在，我仍然認爲是信仰力量治癒了牠。除了那次的金魚事件之外，我沒有任何使用魔法成功的例子。

在我叔公的葬禮上，我眼睛睜大、意念集中，也沒辦法讓叔公推開棺木的蓋子。從那時起，我就不再懷抱這種夢想了。

所以我不再相信魔法。

直到我發現行銷金句的力量。

文字能創造世界

整個世界是由語言文字創造的。事物被創造出來，一開始因爲都是有個人跟另一個人說：「我們在這裡建一道牆如何？」或是「我們來把它漆成紅色的吧！」

語言文字能創造世界——不只物質世界，還包括我們心中所想的世界。

我們會認為有些人比其他人更重要，只是因為有人創造出「國王」「皇后」這些詞，並且把這些詞配發給擁有某個姓氏的人。

我們的世界，就在語言文字的堆砌中成形。階級、房市、浪漫愛情、全球協定，都是語言文字的建構。

連摩西都把這個世界的創造歸因於神的低語。

從古到今，最著名的起源故事就是，神的話語創造了我們的存在。

鐵錘、刀子、挖土機，這些東西的威力都比不上被說出來的字。

但是，每天我們漫不經心地使用它們。我們能夠用文字建立更美好的生活，卻完全沒有下功夫去傳達。

語言文字能解鎖

我朋友拉尼發展出一項興趣——解鎖。他本來就喜歡拼圖跟解謎，他說解鎖是一種放空、紓壓的方式。

他還眞的買了一組工具跟透明的玻璃鎖，這樣他就能在練習解鎖時看到這些小工具如何解開鎖裡面的槓桿。

這個興趣得到了回報。每年都有好幾次，有人因爲忘了帶鑰匙，請他幫忙打開車門或旅館房門。有一次，在海地的機場跑道上，他幫忙打開一架飛機的鎖，我沒開玩笑，因爲機長把自己反鎖在飛機裡了！

老實說，我還是不相信魔法，但是我眞的相信，以正確的順序說出正確的字眼，可以在人們的腦袋裡解鎖。我們只需要一點點幫助——我們需要工具和一個程序。

任何人都可以使用一項最有力的工具，如魔法般打開一扇門，那就是行銷金句。

解鎖開門的字眼

行銷金句是一段簡潔的陳述，可以用它來解釋清楚你提供的是什麼產品或服務。要讓顧客對你的品牌感到好奇，行銷金句是最強力的工具。

行銷金句讓人想傾聽，而不是像在雞尾酒會上聽過就忘。

金句這個概念，在極簡行銷的架構中是獨特的，但它的起源並非來自我們。

金句來自好萊塢。

電影編劇在寫劇本時，也必須寫出一句話來描述這個劇本，讓投資人願意冒險投資這個故事。這個故事被轉化成一部劇情長片之後，同樣那句話就會用來吸引你去看這部電影。

當你滑手機，決定今晚要看哪部電影時，你閱讀的就是許多金句。通常它被稱爲「一句話劇情概要」，就是用一句話來描述這個你要邀請人們來體驗的故事。

如果這句話讓人困惑或難以理解，製作人要付出的代價是好幾百萬美元的票房。

糟糕的金句會讓一部電影沉沒，不管這部電影有多好看。

就像有些企業人士比較擅長創造產品，而不是行銷產品，有些編劇比較會寫劇本，而比較不會描述這個故事，或是描述它爲什麼重要。

但是爲了達到財務成功，這兩者都必須擅長才行。

如何創造你的行銷金句

行銷金句是由三個部分組合起來的——問題、解決方案、結果。

讓我們來看看，創造一個能打出全壘打的行銷金句，你需要做什麼。

從結構開始：

第一步：問題

要邀請顧客進入一段故事，你在描述這個故事時，一定要從問題開始。問題就是一個鉤子。如果故事沒有一個問題，這個故事根本不會開始。

以下是例子：

昨天早上我醒來，走進廚房，打開咖啡機。我等咖啡機煮完咖啡，然後倒出滿滿一杯，好讓我展開這一天。我在廚房桌邊坐下來，喝咖啡，瀏覽早報……

名義上，這確實是一個故事，有個主角，這個主角正在做某件事。但問題是，這並不是一個有趣的故事，你在讀的時候可能會想：故事什麼時候才要開始？

這並不是你在等待的。你眞正在等待的是，某件事情對那位主角造成挑戰。

等待一個故事開始時，我們眞正在等待的是那個英雄必須克服的問題。我們在等待某件嚴酷、困難、可怕、痛苦的事情發生。

好的故事述說者知道要讓問題早點出場，不然會失去觀眾。

談生意也一樣，必須盡快點出問題。

讓我們再試一次：

昨天早上我醒來，正要走進廚房打開咖啡機。當我轉進廚房，看到地上有幾個破掉的玻璃杯，還有早餐穀片灑得整個廚房都是。接著，一隻不知道從哪來的松鼠，竟然從廚房中島上方的吊燈掉了下來！

這才是一個好的故事開頭，會讓我們感興趣。

只有在說出問題時，故事才會開始。

說出問題，為你的產品加值

想像你在雞尾酒會上，遇到兩個人，他們都在經營類似的私廚工作。你問第一個人在做什麼工作，對方說是私廚。你好奇他是怎麼開始這份工作的、爲哪些人服務過，這段對話很快就轉到他最喜歡這個地區哪些餐廳。整個過程你都沒想過自己可能會需要他的服務。

接著你碰到另一位私廚，你問對方在做什麼工作，他的回答是：

「你知道嗎？大部分家庭都不再一起吃飯了。就算一起吃飯，吃的也不夠健康。我是到府服務的私廚……」

第二位廚師更有趣。事實上，當她說話時，你會開始想像她在你家，爲你家人做飯的樣子。

爲什麼？

因爲她先說出她解決的問題，然後說出她的解決方案，也就是她的服務。

行銷金句一開始要先陳述問題，還有另一個原因是，陳述問題會提升產品的知覺價值。

陳述問題是讓顧客記得你的方法

一定要用行銷金句來陳述問題。

同事說他頭痛時，你的回答會是什麼？

同事：「我頭痛。」

你：「要不要吃一顆普拿疼？」

除非把某個品牌跟某個問題的解決方法連結起來，否則你幾乎不會想到這個品牌。

如果你想被記得，那就將你的產品或服務，連結到解決某個問題。

爲什麼行銷金句一開始要先陳述問題？

▼ 因為問題就是一個鉤子。

▼ 因為這個問題為你的產品或服務增加價值。

▼ 因為陳述這個問題是讓顧客記得你的絕佳方式。

換你試試

一開始先陳述大部分客戶面臨的問題或痛點：

「故事品牌」的範例

大部分企業主都在苦惱如何傳達他們的產品或服務。

其他範例

牙醫診所：大部分家長想到帶小孩看牙醫就覺得壓力很大。

納許維爾自行車店：每天有一百一十人搬進納許維爾，大家浪費在塞車的時間越來越多。

行銷公司：大部分企業沒有時間、也缺乏專業建立有效的網站。

要考慮的事項

1 在這部分，企業犯的最大錯誤是，沒有眞正從問題開始。我知道這聽起來很理所當然，但這種事情一直在發生。一定要確認，第一個句子是清楚的問題，而且是人們眞正感覺到的痛點。

2 不要試圖在行銷金句中一網打盡顧客面對的所有問題。只要指出一個問題，確定它是大部分人感覺到的痛點。這個空間並不是拿來談論你所解決的每個問題。這是個勾起人們好奇的鉤子。你可以在銷售漏斗的其他部分談論其他問題，但是在行銷金句中，你只能講一個。

3 確定你在行銷金句中所談論的問題，你的公司眞的可以解決它。你的顧客可能面臨許多問題，如果你不能解決該問題，那就不要談論。

4 想一想，你跟競爭者的不同之處在哪裡。如果你所在的產業競爭者很多，那就談論競爭者提供的服務所帶來的問題。利用這個空間區隔你和競爭者的差異。

第二步：解決方案

陳述問題之後，現在你已經開啓一條故事線，你的顧客準備要聽解決方案了。

先陳述問題，會增加你提供的解決方案的價値。

我們成立公司，做生意，是因爲我們提供問題的解決方案。你購買的每個產品，就是因爲它能解決問題。

接下來，你的行銷金句語氣應該像是揭露謎底。當顧客聽到或讀到你描述的問題時，他們心裡開始想，這個問題會如何解決。當你讓顧客知道你提供的是什麼，他們心中會隱隱產生一種期待，他們想傾聽，而不是聽過就忘。

確認這個問題跟解決方案是切合的

打造行銷金句時，許多人沒有把問題和解決方案連結起來。他們會說類似這樣的話：

很多人在中午時分感到疲倦。我們的專利維他命是由世界上最受認可的十位營養師調製出來的配方……

你的維他命是由一群營養師調配出來的，這個事實並不能清楚解釋它如何解決顧客的問題。

我知道你很想講你的祖父如何創辦這家公司，或是你得過很多獎，可別這樣做。在你的行銷金句中，只要陳述如何解決顧客的問題。

讓我們再試一次：

許多人在中午時分感到疲倦。我們創造了一種維他命配方，能讓你的能量平衡，從早到晚……

關於營養師的部分，你可以放在之後。絕對不要漏掉你的機會，清楚陳述問題及解決方法，鞏固你的產品或服務給人的第一印象。

結束故事線

有些人犯的另一個錯誤是，在陳述問題的解決方法時長篇大論。

你不需要寫出一齣劇本。長篇大論的危險是，你的陳述可能會開啓太多故事線。

在這部分你要做的是結束故事線，而不是開啓更多。

像這樣的陳述：「我們的無人除草機配備十顆衛星導航的GPS技術。」這句話會引起一堆關於衛星跟機器人的問題，不像這個陳述：「我們的除草機就像掃地機器人，你不用流一滴汗就能剪好草坪。」

不要用可愛或俏皮的語言

可愛與俏皮的語言幾乎一定是清楚明確的敵人。清楚明確的語言會賣，可愛與俏皮的語言則使人困惑。

通常，解決方案就是產品本身。以下是幾個很好的例子：

▼ **我們推出一種專治偏頭痛的新藥。**

▼ **我們的卡車吃的是天然氣。**

▼ **我們安裝在你屋頂上的屋瓦，耐用期長，保證絕不漏水。**

這些簡單的陳述句在銷售產品時極為有效。但你可能會很驚訝，很少企業眞的如此簡單說明他們的解決方案。

我們常聽到的陳述句反而是：「讓偏頭痛成爲回憶」或「放眼未來的高效燃料」或「雨水必定只留在屋外！」。

這些可愛或俏皮的陳述句，沒有一個會成功銷售。

行銷金句的解決方案這部分，你不需要想太多。很簡單，解決方案就是你的產品。

清楚說出這項產品。當顧客聽到你如何解決問題之後，會開始把你和你的產品，連結到解決他們的問題。

在陳述你如何解決顧客的問題時，請做到以下三件事：

▼ **直接把問題和解決方案連結起來。**

▼ **好好結束故事線。**

▼ **使用清楚明確的語言，避免可愛或俏皮的語言。**

換你試試

針對你在行銷金句第一部分所說的問題，提出解決方案：

「故事品牌」的範例

在「故事品牌」，我們創造一個溝通架構，協助人們釐清訊息。

其他範例

牙醫診所：「兒童牙科」環境親切又有趣，讓孩子感到放鬆。

納許維爾自行車店：納許維爾自行車店的電動自行車會適合你。

行銷公司：約翰杜伊行銷公司以實惠的價格，爲你建立很棒的網站。

要考慮的事項

1 保持簡單。企業常犯的錯誤是，使用外界不容易了解的業界語言，而且大聲說出來的時候聽起來很彆扭。一定要確定使用的語言容易複述，而且非常清楚。

2 在解決方案中放入公司名稱。這樣可以把你的品牌跟你所解決的問題聯繫起來。

3 確認你的解決方案連結到你所陳述的問題。行銷金句必須前後一致。

4 在這部分不要試圖對顧客解釋你所做的每件事。精簡描述你提供的服務。

第三步：結果

金句的最後一部分是每個人都在等待的。

電影裡每個字、每個畫面、每個節拍，都朝向一個特定場景發展，它有時被稱爲高潮或必要場景。這個最重要的一幕就發生在電影結尾，所有衝突都在這個場景得到解決：《老闆有麻煩》主角挽救了父親的公司；《追夢赤子心》主角最後如願加入聖母大學足球隊；《永不妥協》女主角最後打贏官司。

行銷金句的第一部分製造的懸疑緊張，在第三部分應該將它完全釋放。

問題、解決方案、結果，三部分應該緊密連結

打造行銷金句時，許多人沒有把問題、解決、結果這三部分連結起來。

來看一個範例：

許多家庭努力擠出時間相處。在橡實家庭度假營，我們解決暑假無聊的問題，創造難忘的家庭回憶。

乍聽之下很棒，但再仔細看，這裡提出的問題是，家庭沒有時間相處，然

而解決的卻是暑假無聊的問題。雖然兜得起來，但這三部分若能緊密連結的話會更好。

再看另一個範例：

許多家庭努力擠出時間相處。在橡實家庭度假營，時光似乎靜止，創造一輩子的家庭聯繫。

你能看出差別嗎？這三部分若能緊密連結，故事得到解決，聽眾會感受到伴隨而來的喜悅。

不斷詢問「結果會是……」以找到你的解決方案

在寫行銷金句的解決方案時，你要一直追問顧客體驗到的最後結果。而且這個結果是顧客看得到、碰觸得到或感覺得到的。

如果你是做屋頂工程的，你可能會想對顧客說：「你會得到一個好屋頂。」但如果在句子最後加入：「結果會是……」或許就能創作出更豐富的行銷金句。

例如：「你會得到一個好屋頂，結果會是一間你再也不必煩惱的房子。」就像這樣。現在你知道自己眞正在賣的是什麼了——你眞正在賣的是顧客再也不必煩惱的房子。

換你試試

清楚解釋你的顧客感受如何。在你解決問題之後，顧客會得到什麼：

「故事品牌」的範例

當你清楚傳達訊息，關於你公司的文字會開始傳播，你的企業就會成長。

其他範例

牙醫診所：所以孩子們不會害怕，家長能安心愉快的帶孩子看牙醫。

納許維爾自行車店：每天你會多出幾個小時，而且去上班的速度更快。

行銷公司：你會在競爭中脫穎而出，蒐集到更多潛在名單，變成你的顧客。

要考慮的事項

1 確認你所談論的成功直接連結到你剛才陳述的問題。這會讓故事前後一致，並向顧客顯示，在你解決顧客的問題之後，他們的生活會更好。

2 成功應該是跟你的顧客有關，而不是你的公司。行銷金句結尾不該是「我們能協助你」或「你會成爲我們最愛的顧客」。你要說的是，跟你往來之後，顧客的生活會是什麼樣子，而不是你做了什麼、你有多厲害。

3 逗號不是你的好朋友。你可能會想加入很多成功事蹟，但是，一定要記得，保持簡潔、有說服力。放入過多成功事蹟，其實最後會稀釋了你的品牌。專注在一個或兩個成功事蹟，這樣就好。

4 不要過度承諾。你在這部分所說的任何成功事蹟，必須是你能做到的。

換你試試

現在，讓我們把三個部分組合起來：

你的行銷金句

「故事品牌」的範例

大部分企業主都在苦惱如何傳達他們的產品或服務。在「故事品牌」，我們創造一個溝通架構，協助人們釐清訊息。當你清楚明確傳達訊息，關於你公司的文字會開始傳播，你的企業就會成長。

其他範例

牙醫診所：大部分家長想到帶小孩看牙醫就覺得壓力很大。「兒童牙科」環境親切又有趣，讓孩子感到放鬆，所以孩子們不會害怕，家長能安心愉快的帶孩子看牙醫。

納許維爾自行車店：每天有一百一十人搬進納許維爾，大家浪費在塞車的時間越來越多。納許維爾自行車店的電動自行車會適合你。每天你會多出幾個小時，而且去上班的速度更快。

行銷公司：大部分企業沒有時間、也缺乏專業建立有效的網站。約翰杜伊行銷公司以實惠的價格，爲你建立很棒的網站。你會在競爭中脫穎而出，蒐集到更多潛在顧客名單，變成你的顧客。

要考慮的事項

1 把每個部分組合起來，確認它是否通順達意，而且大聲說出來時，聽起來感覺也很好。有時候在紙上看起來很棒，但是說出來時並沒有那麼順暢。

2 組合起來之後，不要害怕改變它。你要按照這個順序組合，但不要害怕發揮一些創造力。

3 它必須很容易複述。如果你把句子組合起來之後，不容易讓人記得，或是很冗長，那就修改，讓團隊裡每個人能很容易就說出來。

4 確認這個行銷金句是簡潔的。如果你對某人說出你的行銷金句時，他們得追問某部分：「你的意思是？」那麼你的句子就太複雜了。回頭修改，確認每個部分都是清楚明確的。精修細改是你的好朋友。

如何運用行銷金句

我們公司提供給客戶最有力的工具之一，就是行銷金句。很多客戶業績大幅躍進，僅僅是因爲創造出行銷金句，並且運用它。

你的行銷金句經過精修細改之後，把它背下來，讓整個團隊銘記於心。當團隊裡每個人都可以說出這個行銷金句時，你的所有員工都會變成銷售人力。

運用行銷金句的其他方式

以下是立刻就能運用行銷金句的幾個方式：

- ▼ **印在名片背面。**
- ▼ **放在電子郵件簽名檔。**
- ▼ **放在店面牆上。**
- ▼ **放在網站「關於我們」的第一句話。**
- ▼ **放在你在社群媒體的個人檔案描述中。**

你會驚訝地發現，你錯過多少機會去散播這些文字，告訴別人自己的工作是什麼。無論是在飛機上、雞尾酒會上，甚至是大家族聚會中，當我們運用行銷金句這則短短的小故事跟別人解釋我們的工作，人們就會注意聽。

把行銷金句運用在網站、電子郵件、主題演講、電梯推銷，你的行銷金句是整個訊息傳遞活動的中心元素。

現在你已經創造出行銷金句，知道自己提供給顧客的是什麼，而且用清楚明確、可以複述的語言說出來，這就打贏了一半勝仗。

當你運用行銷金句，你會開始看到銷售成長。當你散播行銷金句，就像在水中放入一個個鉤子，你會開始抓到更多魚。

第五章

建立高效網站

你的網站要能創造銷售

一旦顧客好奇你如何解決他們的問題，他們會想發掘更多資訊。這時，你的網站就派上用場。

網站做得好，產生的價值可達幾十萬、甚至數百萬美元。問題是，太多品牌把網站做壞了，而且還不知道問題出在哪。

文案是一切

大部分人憑直覺就知道，網站很重要，所以會花好幾千美元請人幫我們設計。

無論是由誰來設計網站，不可避免的是，設計者比較在乎顏色、圖像和「感覺」，而不是使用的文字。雖然顏色、圖像和感覺也很好，但終究還是文字在驅動銷售。

你的網站必須要有能夠創造銷售的文案。

在「故事品牌」舉辦的行銷工作坊上，在第二天結束時，我們會花了大約一小時，把幾個客戶的網站放在大螢幕上，由我提供客製化的回饋意見。

我曾經提供意見給上千個品牌，大部分都犯了同樣的錯誤。

你的網站也可能會犯這些錯。以下是應該避免的錯誤清單：

- 用了太多行話。
- 標題字太多。
- 對顧客的行動召喚使用的是被動語言。
- 行動召喚按鈕沒有在網頁往下捲時重複出現。
- 用語太可愛或太俏皮，不夠清楚而明確。
- 網站沒有推廣名單蒐集工具。
- 投影片訊息跳太快，會讓潛在顧客覺得挫折。
- 網站說的是你的故事，而不是邀請顧客進入一個故事。

其中最大的錯誤是，網站做得太複雜。

大部分企業需要網站，而它唯一目的就是：創造銷售。

你經營事業的主要理由可能不是創造銷售，但是，要有銷售，才能使你的事業持續下去。

你的網站應該成爲一個銷售機器。

做出有效的網站架構

當你聘請別人來設計網站，設計師會問你各種私人問題，問你最喜歡的顏色是什麼、最喜歡的音樂是什麼、創辦這家公司的原因和過程等等。這些問題都是錯的。很遺憾，這些設計師以為自己在為你準備一場宴席，讓你在這場宴席中被頒獎。

然而，你的網站並不是一個為自己慶祝的地方。你的網站是用來賣東西給顧客，銷售能解決顧客的問題、讓他們的生活更好的產品或服務。

一個網站設計者應該問的正確問題是：

▼ **你解決的問題是什麼？**

▼ **你解決了顧客的問題之後，他們感覺如何？**

▼ **人們通常如何購買你的產品？**

▼你的顧客買下這個產品之後，他們的生活是否產生任何事先未預測到的價值？

從線框圖開始

如果行銷人員問出正確問題，他們就能做出利用文字增加銷售的網站。但是，先別讓他們做出那個要價不菲的網站。我們先從線框圖開始。線框圖是一張比較長的紙（或是數位紙），它是這個網站長什麼樣子的粗略草稿，裡面包括文字。

網站設計師聽完你的需求之後，應該要把它轉化成一份線框圖稿。這份線框圖稿能讓你大致瀏覽這個網頁，也許能還得到回饋意見，然後你才掏出血汗錢，做出一個永久性的網站。

記住，是文字在驅動銷售。如果你的網站很漂亮，那很好，但若沒有正確的文字，網站賣不出任何東西。

做出有效的網站架構，然後放上正確的文字。在設計網站之前，先在紙上寫下這些文字，你會感謝我的。你最不希望的就是，不斷試錯，做出網站之後又重做一千次。

如果有一個驗證可行的方式可以做出有效的網站，何不自己動手呢？

如何以線框圖做出網站

在你砸下幾千美元重做網站之前，先把這章讀過一次，並且做完後面的練習。

做完之後，你會有一份完整的線框圖稿，你可以帶它去跟設計師討論。

不要再浪費錢做出漂亮、但無法創造銷售的網站。

有效網站具備九大部分

你的網站絕對可以是一個超棒的藝術作品，同時又能大幅增加銷售。雖然這麼說，但太多企業花了幾千美元做出一個藝術性非常高、卻對銷售完全沒幫助的網站。

這些人就像在從事藝術，他們大可以把這個網站印出來裱框，讓行銷人員在上面簽名，然後掛在壁爐上方。

如果你可以把網站做得很好看，充滿藝術性，同時還能創造銷售，那非常好。但是以我的觀點，藝術表現就像蛋糕糖霜，我希望你的網站能讓你的企業成長。

就我們見過的案例而言，能夠成功創造銷售的網站，配置有九大部分。每個部分就像池塘裡的鉤子，在你的網站裡放進越多，你就能抓到更多魚。

我會協助你建構網站的這九大部分：

1 **頁首**。在網站最上方的位置，用非常少的文字讓人們知道你賣的是什麼。

2 **利害關係**。解釋你可以爲顧客解決什麼問題。

3 **價值主張**。這部分可以條列出你的產品或服務的好處，展現其附加價值。

4 **嚮導**。站在爲顧客解決問題的角度來介紹你這個品牌或你個人。

5 **計畫**。顧客跟你往來並解決他們的問題必須採取的路徑。

6 **解釋段落**。邀請顧客進入一個故事。這是品牌劇本的長篇形式，也要利用這段文字來增進你的搜尋引擎最佳化（SEO）。

7 **影片（非必要）**。以一支比較動感的影片複述網站內容。

8 **價格選項（非必要）**。公司部門或產品列表。

9 **垃圾抽屜**。網站最重要的部分，因爲在這裡可以列出之前你以爲重要的所有東西。

配置的順序

我經常被問到：「這九個部分要以什麼順序放在網站上？」除了頁首一定是在網站最上方之外，其他並沒有一定的順序，有無限的可能性。而且老實說，怎麼做都很難出錯。

你可以把設計網站想像成寫一首歌，網站每個部分就像不同的吉他和弦，你要怎麼運用這些和弦、以什麼順序出現、一個和弦要彈多久，都由你決定。你的任務是彈出這些和弦，讓你的網站變成一首好聽的歌。

在我們舉辦的行銷工作坊中，我們會跑過一次類似的過程。最後幾個小時，整間屋子裡幾百位企業領導者已經利用線框圖做出有效的網站架構，勾勒出各個部分之後，就可以依直覺調整這些部分的順序，達到整體感覺流暢。

請花幾個小時來完成網站的每個部分，盡量不要跳過任何一部分，因為，你給它多一點時間，可能就會冒出令你驚訝的發現。

還有，最好把這個過程分好幾天來做。通常我在架構一個網站時會分幾個階段。初稿就是一份初稿的樣子，隔一夜之後，我會看得更清楚該如何配置。

有了概念之後，接下來就進入有趣的實作階段，一起做出你的網站的各個部分吧。

第一部分：頁首

第一印象只有一次機會。頁首是網站最上方的部分，也是顧客對你的產品或服務的第一印象。

你沒有二次機會給人家第一印象，所以，一次就做對很重要。

根據微軟研究院研究員柳超（Chao Liu）及其同事的調查，人們造訪網站的前十秒鐘最爲關鍵，此時使用者會決定要繼續看下去或離開。

如果過了十秒鐘，你的網站能讓使用者留下來，使用者就會再花點時間在網站上到處看看。當然，這可能轉變成跟顧客建立關係、使你的業績成長，或者失去這段關係、業績衰退。

因爲你只有十秒鐘的時間（柳超還發現，這時間每年逐漸減少），所以一定要使用能激起顧客好奇心的字眼。

什麼能激起顧客的好奇心呢？只有在他們認爲你提供的產品或服務可能會幫助他們生存時，他們才會對你產生好奇。

你的標題能通過「原始人測試」嗎？

我們在訓練「故事品牌」的行銷指導時，一再強調，可愛和俏皮的文字不會帶來銷售，清楚明確才能賣出產品。

外行的文案寫手和行銷人員會試圖把網站包裝成可愛或俏皮來博取第一印象。雖然可愛或俏皮本身並沒有錯，但是如果可愛、俏皮的代價是犧牲了清楚明確，那你就會有損失。

要確定網站給人很棒的第一印象，並激起顧客的好奇心，那麼，你的標題一定要通過「原始人測試」。

什麼是原始人測試呢？

通過原始人測試，能確保你的網站向人們清楚傳達出你所擅長的事。記住，行銷是一種記憶力訓練。這表示，你必須使用簡單清楚的語言，並以這種語言告訴人們，你可以如何幫助他們生存。

想像一個原始人坐在洞穴的火堆旁，他心智簡單，但是並不笨。他忙著保衛部族，爲家人獵捕食物，縫製最時尚的熊皮以融入同儕。

假設在我們想像出來的宇宙中，這個原始人可能會看你的網站，但是只有十秒鐘。

以下這三個問題，原始人能否一下子就蹦出他的答案呢？

1 **你提供的是什麼？**

2 **它如何讓顧客的生活變得更好？**

3 **顧客需要做什麼才能買到？**

如果原始人能一下子就說出答案，那你就做對了。

當然，你接觸不到原始人，但是你會接觸到其他許多聰明又忙碌的人，這些人不斷在過濾資訊，所以，他們也必須能很快地回答這些問題。

事實上，你在做網站時，推薦你去咖啡廳，拜託幾個人幫你看一下網站標題。我知道跟陌生人開口並不容易，但是幾個陌生人能否說出你賣的是什麼、爲什麼會讓他們的生活更好、他們要買下這個東西得做什麼動作，這關係到你能賺到或損失幾百萬美元。

記住，清楚明確是關鍵。

讓我們再仔細檢視這三個問題，以通過原始人測試。

問題一：你提供的是什麼？

你賣的東西，那個實體的、可以碰觸得到的東西，是什麼？

你可能會震驚，有多少企業並未在網站最上方就說出他們賣的是什麼。更糟的是，他們以爲自己說了，但其實閃閃躲躲，沒說清楚。

一個理財顧問提供的可能是「一條更好的通向未來的道路」，而沒有理解到這句話也可以用在健身房、學院、教堂，或是任何其他東西。

不要用網站標題來區隔你跟別人。清楚明確，就是你跟別人的區隔，因爲我保證，你的競爭對手的訊息絕對不夠清楚。

通常我們的客戶會用一種複雜而詩意的語言來解釋他們提供的是什麼，但是，顧客眞正要找的是簡短的解釋，而且是一般人都懂的語言。

你的產品或服務是什麼？草坪養護、教練、文案寫作、服裝，還是剪髮及染髮？

換你試試

你提供的是什麼？花一分鐘清楚寫下：

問題二：它如何讓顧客的生活變得更好？

一旦清楚解釋你提供的是什麼之後，讓我們把它變得更香甜可口。如果某人購買你提供的事物，他的生活將怎麼改變，並且變得更好？這裡沒有空間列出幾千條你的產品或服務如何讓顧客的生活變得更好，就算那些可能都是真的。爲了清楚明確又簡潔，你必須選出你改變顧客生活最明顯的方式，並且相信這個選擇一定會被記住。如果你列出很多項，那只會被忘記。

顧客如何因爲跟你往來，生活變得更好呢？他們會更有錢嗎？更有時間？有更高的地位？更平靜？還是更好的人際關係？

標題只需要選一項就好，如果還有其他好處，你可以放在後面的空間。

換你試試

它如何讓顧客的生活變得更好？

把以上兩個答案彙整起來，寫成一句話，像下面這幾個句子：

▼ 處理傷害糾紛的律師，協助您重拾生活。

▼ 能幹的經理人不是天生，而是透過訓練——看我們如何做到。

▼ 改善健康，重拾人生——通過認證的非藥物療法，解決您的健康問題。

▼ 用精緻手工甜點，讓您的賓客驚喜不已。

換你試試

你的標題：

問題三：顧客需要做什麼才能買到？

你會很驚訝，有多少人沒在網站上放「立即購買」的按鈕。

你可以看得出來，他們花了好幾天、好幾週、好幾個月、甚至好幾年的時間讓這個網站可以運作，並確保網站看起來很漂亮、很能代表他們。

但接下來，他們卻把上門的顧客送走，沒有要顧客買任何東西。

「立即購買」「預約時段」或「前往購買」，這些按鈕是你的網路商店收銀機。

有些企業領導者不想讓顧客覺得緊迫盯人。我了解這種感覺，我最不希望的就是必須押著顧客來買我的東西。雖說如此，但如果沒有清楚的行動召喚，等於是告訴顧客，你並不是眞的相信自己的產品，你不認爲那個產品可以解決顧客的問題並改變他們的生活。

想像你在一間服飾店挑了好幾件喜歡的衣服，但要去付錢時，收銀機後面卻沒有人。你在店裡走來走去，想看哪裡可以讓你付錢買下這些衣服，後來終於跟一個店員講到話。

「噢，我們不喜歡商業那套，讓顧客覺得很煩。我們可不只是賣衣服而已。」

「好的，但我想買這些東西。要怎麼買？」

「噢，很簡單。女廁裡第二隔間有個女士，她會收錢。我剛剛說了，我們不想看起來太像做生意的。」

當然，這段互動非常誇張，但許多網路商家就是這樣對待顧客的。要求顧客採取行動的訊息不夠清楚明確，最後會變成消極被動或自我陶醉。

顧客眞正需要的是清楚的收銀機，這樣他們決定購買時才知道要去哪裡結帳。

如果使用者來到你的網頁，想購買你的產品或服務，你希望他們採取的下一個步驟是什麼？

顧客可以現在就購買你的產品嗎？必須加入等待行列中嗎？必須預約嗎？打電話？註冊？加入會員？捐款？

不要做「被動式攻擊」

有一些對顧客的行動召喚，例如「欲知詳情」「關於我們」「好奇嗎？」「我們的程序」，這些字眼都太弱，而且令人困惑。

顧客眞正需要的是，讓他決定接受或拒絕的某個東西。如果沒有這個東西，他們搞不清楚你要他們做什麼，或是你希望這段關係走向何方。

通常，使用被動式的語言，例如「欲知詳情」或「開始吧」，是因爲我們不希望逼迫顧客。會採取這條路線是因爲，我們認爲顧客關係很重要，希望把自己定位成顧客的朋友。

跟顧客搏感情、交朋友，是很棒的點子，但是別忘了，這是一段商務關係，而商務關係的本質就是買賣。買賣的商務關係並沒有錯。

你當然希望對顧客親切、尊重，甚至友好。但是，試圖當顧客的朋友，到最後卻是消極的要他們買你的東西，這實在太詭異了。

要盡快且經常讓顧客知道你的意圖。行動召喚必須強而有力。

換你試試

在下面列出顧客要如何購買你的產品。對顧客的行動召喚，你要說些什麼？

行動召喚按鈕要放在網站的什麼位置？

顧客來到你的網頁版網站時，眼睛瀏覽網頁的順序爲Z字型或F字型。關於瀏覽型態，不同研究得出不同結果，但是無論如何，訪客瀏覽網頁的順序並不是毫無章法的。

我們教導旗下行銷專員的方式是，把重要的文字跟行動召喚放在眼睛瀏覽網站的路徑上。訪客的視線會先從網頁左上方開始，再掃視到右上方，然後對角線往下挪到網頁中間，最後落在網頁右下方（圖5-1）。

我們建議，將行動召喚放在這兩個地方：第一是網頁右上方，這是網頁最

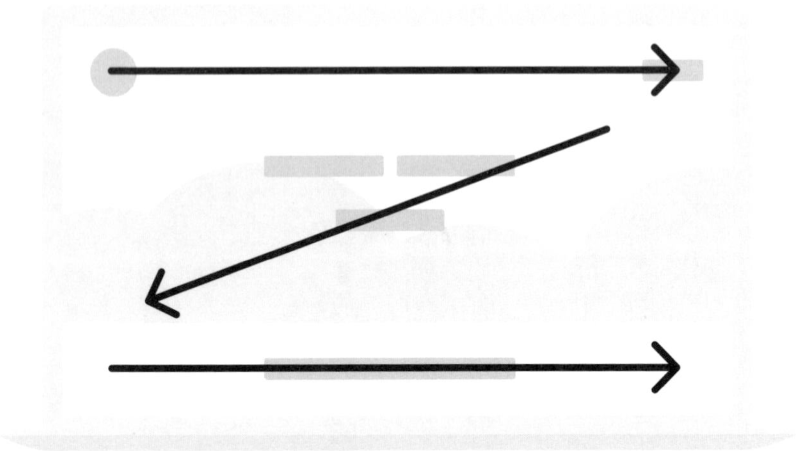

圖 5-1

值錢的地段；第二是頁首中間，就在大標和副標的下方（圖 5-2）。

連續兩次行動召喚，甚至還放在頁首，會讓你的顧客知道：

1. **你有興趣建立商務關係。**
2. **你想透過販售服務或產品解決顧客的問題。**

捨棄被動文字，改採直接的行動召喚，這樣做將大幅增加銷售業績。

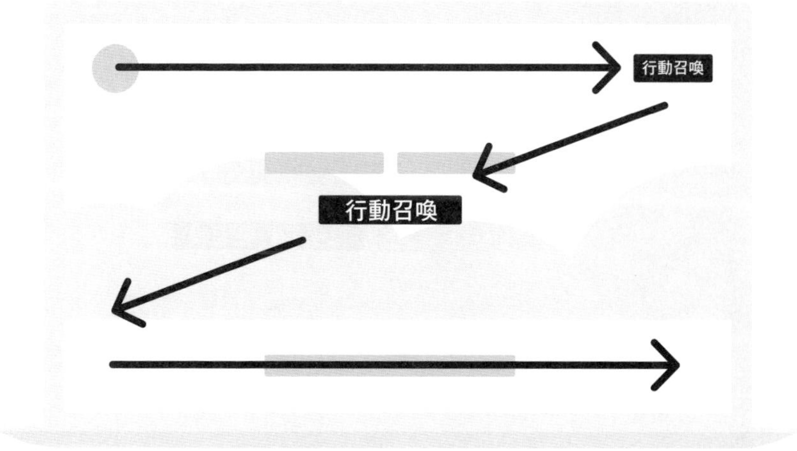

圖 5-2

謹慎選擇圖像

雖然線框圖稿中不會顯示圖像，但你必須謹慎選擇圖像。

人們愉快地使用你的產品，很少有圖像會比這更好。所以，如果你想不出要用什麼圖像，微笑、開心的人是個好開始。

避免在頁首的位置放投影片。因爲投影片的文字和圖片一直變化，顧客沒時間讀一個接一個出現的訊息，而且大約三個訊息之後，全都忘記了。

循環播放的圖像（無聲影片）

圖 5-3

放在網站上會很棒，但要確定，疊在影像上的文字必須是固定的。品牌塑造必須一直重複相同且簡單的訊息，直到你的顧客記住它。因此，不斷變化的文字會傷害你的品牌塑造，而不是加強。

打造頁首

把原始人測試的三個部分結合起來，打造你的網站頁首。

寫出大標，視需要再加上副標，然後在下方寫出直接的行動召喚。

在線框圖稿中，插入括號描

述你想放在頁首的圖像（或循環播放的影片）。如果你是蓋遊戲場的，就放上兒童開心使用你的遊樂器材的照片。如果你烘培蛋糕，放上幾張裝飾漂亮的蛋糕，還有顧客開心取貨並驚喜凝視蛋糕的照片。現在先不要擔心照片，可以之後再處理，現在只要決定放什麼圖像才會讓你的產品或服務賣得更好。

接下來，寫出你的行動召喚。眞正的網站可能包含直接的行動召喚和過渡的行動召喚（下一章再談過渡的行動召喚），現在先簡單寫下來就可以了。

現在換你試試，請在圖5-5的空白框勾勒出你的網站頁首看起來會是什麼樣子。

檢查你的文案，想像你拿著這份剛做好的草稿，走到附近的咖啡廳，看到第一個人就去拍拍他的肩膀，給他十秒鐘看這份草稿，他能說出你提供的是什麼、如何讓他的生活變得更好、購買時需要做什麼動作嗎？

如果可以，你就通過原始人測試了。

完成頁首，你的網站就完成了一半。沒錯，還有很多其他部分要做出來，但是頁首就是這麼重要。顧客是否願意花更多時間在你的網站上，最後決定購

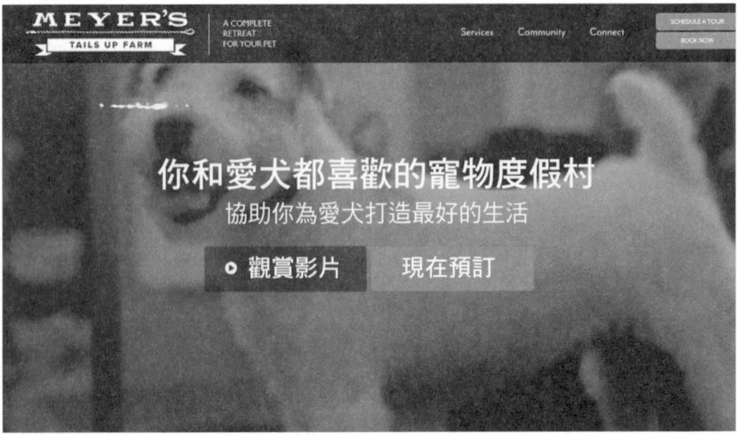

圖 5-4

圖 5-5 第一部分：頁首

買，五〇%取決於頁首。

隔天早上，再看一次你打造的網站頁首，微調文字跟圖片，找一群朋友來測試，甚至問一、兩個陌生人，請他們給你回饋意見。

頁首做對了，你的業務會蒸蒸日上！

頁首之後的部分，順序就不是那麼重要了。如果你按照這裡提出的順序來安排你的網站架構，那很好，但其實不一定要按照這個順序。

雖說如此，但我眞的很喜歡在網站的第二部分勾勒出這樁買賣的利害關係：顧客會失去什麼或獲得什麼，取決於是否跟你買東西。在邀請顧客進入的故事中添加戲劇性，這是很棒的方式。

第二部分：利害關係

這是所謂「失敗」的部分，可以爲你的故事製造張力。沒有利害關係，根本無法構成故事。

以下我以一個故事爲例，你可以想想怎樣讓這個故事更好一點：

有個年輕人在威尼斯海灘附近的公寓醒來。他打開窗戶，吸進新鮮海風。他泡了一杯咖啡，坐下來讀早報。不過，才剛打開報紙，最好的朋友就打電話來，說要和一群朋友去海灘玩排球。

這個年輕人很喜歡沙灘排球，所以他闔起報紙，前往海灘。他們玩了好幾回合排球，每次都是平手。有個人說他餓了，這個年輕人跟他們說，對街有一間賣塔可餅的店家，建議可以去試試看。他們走到店家，驚訝地發現塔可餅有買一送一優惠，所以他們一群人吃了好幾個……

好，技術上來說，這是一個故事，一個男人想玩排球，然後想吃塔可餅的故事。

問題是，這並不是一個有趣的故事。有些人可能會想：「這個故事什麼時候才要開始？」

沒有開始的故事，總有同樣的問題：少了衝突！

當故事中的角色經歷到衝突時，故事就開始了，而且緊緊抓住讀者。

事實上，大部分故事的開始是，某個角色想要某樣東西，接下來的場景是，這個角色的現況和他想要的東西之間出現巨大的挑戰。因爲有這種距離跨度，才讓故事有可看性。

前述的故事中，如果我們的英雄走去海灘玩排球時，經歷到一場可怕的地震，海灘裂開，把同伴都呑沒了，這樣我們就有了一個故事！

如果令人著迷的電影是因爲正面場景緊接著負面場景，那我們的網站何不按照同樣的公式？

網站的第一部分，我們對顧客說的是，如果買了我們的產品或服務，他們的生活會是什麼樣子。那麼，網站第二部分就針對顧客目前的痛點，因爲他們還沒購買我們的產品。

不跟你買的代價是什麼？

當你協助顧客了解，生活中沒有你的產品讓他付出多少代價，那麼這些產品的知覺價值就增加了。

好幾年前，我剛成立「故事品牌」時，我請一位外部顧問看看我們的網站，提供建設性的批評。我選擇的顧問之前就來參加過我們的工作坊，也熟悉我們的訊息架構。不過，看過我們的網站之後，她說我們沒有按照我們自己的建議來做。

「妳的意思是？」我問。

「你說把利害關係包括進去很重要，顯示沒有跟你們往來的代價是什麼，但是你的網站上沒有一個地方提到這些利害關係。」

接著她寄給我一段文字，要我直接放在網頁上列出工作坊價格的位置。

她寄給我們的句子裡，針對我們的客戶詢問了一連串尖銳問題：他們提供的訊息是否讓顧客搞不清楚，並且在過程中流失顧客。這段文字如圖5-6。

實體工作坊

我投資的是什麼？

不清楚的訊息讓你付出多少代價？
在一片雜訊中，有多少潛在顧客**無法聽到你的產品或服務**？
你的活動有幾場**只是半滿**，因為人們不知道為什麼要來？
有多少人**婉拒你提供顧問服務**？
潛在顧客是否了解為什麼需要你的產品或服務？
缺乏清楚的訊息，可能已經**對你造成極大損失**。

圖 5-6

我請我們的網站設計師把這段文字加進去，但其實我覺得不太舒服。那天晚上我跟貝絲說，那些句子聽起來就不像我們公司的語氣，我們不會架著顧客跟我們往來，我們不是那樣子的人。

貝絲說，如果我覺得這麼不舒服，隔天應該請設計師把那段文字拿掉。

隔天，我走進設計師的辦公室，問她對於那段文字的看法。她了解我的感覺，那確實不像我們公司的語氣。

「但是，」她微笑說，「昨

天晚上我們進來五張新訂單！」

這麼多年後，至今那段文字還放在我們的網站上。

爲什麼？因爲故事是一個可靠的指引。如果沒有利害關係，就無法構成故事。

我在工作坊中教大家，故事一定有痛苦及衝突。在行銷文案中講述痛苦的事感覺有點沉重，但是，不要因此而說了無聊的故事。利害關係確實有影響，如果不讓人們知道你能協助他們避免什麼痛苦，你是在哄他們入睡，而不是刺激他們下單。

你幫助顧客避免的痛苦是什麼？顧客現在面對的是什麼痛苦，買了你的產品或服務之後就會結束？

以下是一些例子：

▼ 浪費更多時間

▼ 錯過機會

▼業務損失

▼尷尬

▼缺乏睡眠

▼挫折

▼體重增加

▼困惑

▼孤立

▼無法接觸資源

▼缺乏指導

▼失去地位

▼沒有完全發揮潛力

▼競爭落敗

溝通利害關係，只要一點點就有效果

跟談論顧客可能會獲得什麼成功不一樣的是，必須注意故事中的負面利害關係是否說得太過頭。

我們需要在網站文案中放入負面利害關係，但是又不能太過。如果太負面，顧客會開始置之不理。超過某個程度，大腦會決定寧願活在快樂世界，即使那個世界是虛構的。

明確清楚的訊息，其中各個部分，我喜歡把它們看成是蛋糕裡的各種材料。做蛋糕，你需要一杯又一杯的麵粉（成功），但只要一匙鹽（負面利害關係）。如果用了太多鹽，會毀了蛋糕；但如果你一點鹽都不放，嘗起來就索然無味。

歌手莎拉．麥克勞克蘭曾經擔任美國愛護動物協會發言人，每隔一陣子就會出現在電視上，她用甜美柔軟的嗓音，講述小狗被忽視、被拋棄的悲慘命運，搭配螢幕上出現一張張可愛卻悲傷的動物。

我無法直視這支廣告，每次看到就盡快轉台。貝絲和我捐錢給我們當地的狗兒庇護所，也收養了一隻小狗，但是看到這些悲傷的眼睛，實在太令人受不了！

我猜這支廣告反應還不錯，但是我也相信，如果大部分畫面是開心的小狗，只要加上一點點受虐的悲傷小狗，這樣會更好。畢竟，一個故事裡的負面利害關係，目的是對比我們都希望的快樂結局。

你幫助顧客克服或避免的是什麼？

不過度誇大利害關係的前提下，你爲顧客解決或避免的問題是什麼？

舉例來說：

- ▼ **從此不再失眠，躺在不適合你的床墊上輾轉反側。**
- ▼ **大部分人不知道自己每天浪費了多少時間在處理電子郵件信箱，我們有個解決方法。**

▼ 我們見過太多人因為不知道如何投資而浪費金錢。

▼ 你是否已經厭倦了付錢做行銷卻得不到結果？

在你的網站上，有許多方式可以描繪利害關係。可以放上幾個句子，形容你協助顧客避免的痛苦；也可以放上使用者見證，由顧客解釋你如何幫助他們克服某項困難；也可以直接條列出你能夠解決的痛點及挑戰。

換你試試

你爲顧客解決或避免的問題是什麼？列出你能夠解決的痛點及挑戰：

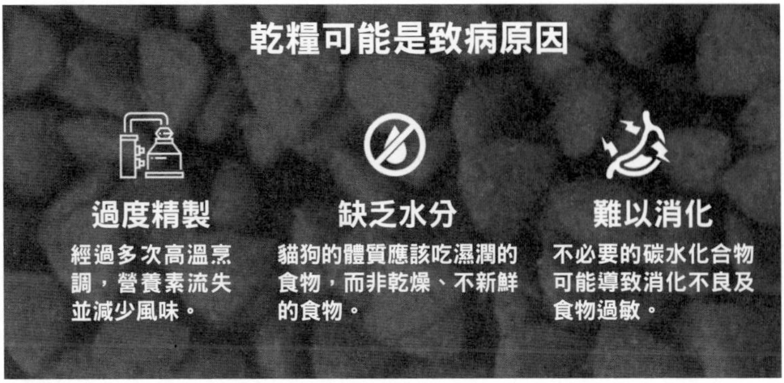

圖 5-7

養育語言發展遲緩的孩子十分辛苦

發現孩子在應該說話時沒有開口說話，很容易覺得挫折與疲累，並且因為這些情緒而出現罪惡感。你開始懷疑，身為家長是不是做錯了什麼。

我們能減輕你的心理負擔嗎？身為語言發展遲緩兒的家長，教養工作真的挫折又疲累。你擔心孩子的發展，這種心情完全正常。你並不是失職的家長，而且，**你並不孤單**。

你只是需要正確的工具，幫助你成為有信心的家長，讓孩子順利開口說話。

我們具備你需要的工具。我們是一群語言治療師，我們的團隊已經協助過數千位跟你一樣的父母——希望幫助小孩說話，但試過許多方法都沒有用。我們的線上課程能教你簡單的語言祕密，讓你幫助孩子開口溝通。

立即購買（$99）　　了解更多

圖 5-8

跟房產仲介打交道，你是否感到挫折？

- 不溝通？
- 滿口承諾卻做不到？
- 屢次交易失敗，害你損失時間和金錢？
- 不熟悉當地環境或當地買家？
- 以為放上房源共享系統＝有效行銷？
- 不急著幫你賣房子？

在曼薩德，我們把你的房子當成自己的用心賣。

圖 5-9

圖 5-10 第二部分：利害關係

圖5-7、圖5-8、圖5-9是一些利害關係的例子。

在你的網站上描繪利害關係時，你可以發揮創意。要用清單、句子，還是一系列問題？花點時間想想，在圖5-10的空白框勾勒出這部分看起來會是什麼樣子。

第三部分：價值主張

如果買了你的產品或服務，顧客的生活會是什麼樣子？就像我先前所說，你可以依照自己的想法來安排網站上的順序，但是，我喜歡把價值主張放在第三部分，因爲在故事裡我們通常會看到正向及負向的敘事線，而價值主張符合這個敘事線。

故事喜歡展現對比，某個角色可能直率又討厭，她旁邊的角色就會是善良而溫和；某個場景看起來黑暗又陰鬱，接下來就會是明亮而開闊。

不過，最容易注意到的對比是，正面與負面的劇情發展。每個故事都有高潮場景，整個敘事都朝向它發展，這個場景通常發生在電影結束前幾分鐘，所有衝突都在這個場景得到解決。

好故事喜歡對比

如果從那個高潮場景往回推，我們會注意到，在某個場景中，英雄主角快要達到正面的高潮場景（例如贏得女孩芳心），接下來他就會碰到挫折（女孩跟男孩的哥哥調情）。

這樣的對比讓觀眾產生期盼、坐立不安，他們會集中精神注意看。故事就像這樣：

- ▼ **場景一（正面）：英雄真的很想得到某樣東西。**
- ▼ **場景二（負面）：但是得到這個東西的機會被拿走了。**
- ▼ **場景三（正面）：某個機會出現，可能會幫英雄得到他想要的。**
- ▼ **場景四（負面）：但是這個機會溜走了。**

為了抓住觀眾的心，這樣的對比場景已經用了幾百年，所以我們也採用對比來抓住光臨網站的人。

在網站上簡單地運用對比（正面和負面訊息）就足夠了，直接寫出第一到第三部分，也就是從正面轉到負面，再變成正面，會讓你的訊息有一種熟悉且吸引人的順暢感。

顧客跟你做生意會得到什麼價值？

在邀請顧客進入的故事中傳遞價值主張，不只能增強故事的對比性，也會為你的產品和服務增加知覺價值。

例如，顧客為家裡購置暖通空調系統，你再加賣維修套裝服務，如果你列出以下這些好處，就增加了維修套裝服務的知覺價值：

1. **不必再擔心冷氣機會壞掉。**
2. **不必再安排維修時程。**

3 不必更換濾網就能呼吸乾淨空氣。

有些公司僅僅提到有維修套裝服務，而這家公司列出維修套裝服務對我的其他好處，增加了這個套裝的知覺價值。

如果維修套裝服務的價格是每年兩百美元，我對這個套裝的感受是定價準確，實際價值大約兩百美元，那麼，文案上說我不必再擔心冷氣機會壞掉，知覺價值便增加到大約三百美元；不必再安排維修時程，知覺價值再增加到大約三百五十美元。不只這樣，整年都能呼吸乾淨空氣，那我會願意花更多錢，所以知覺價值增加到大約五百美元。

顧客更可能用兩百美元去買他們認爲是五百美元的東西。

運用文字能爲產品提高知覺價值，讓顧客覺得買得更划算。

如果你要爲產品提高一倍的價值，得花多少錢在經常開支和耗材？你得增加很多周邊商品，對吧？

而我們僅僅使用文字，就提高了產品的價值。

而且，文字是免費的。

把顧客能獲得的東西都告訴他們

對某些顧客而言，最根本的問題是：我掏出血汗錢，交換來的是什麼？在網站的價值主張這個部分，你要告訴他們：

- **能省下錢嗎？**
- **能省下時間嗎？**
- **會減少風險嗎？**
- **品質優良且持久嗎？**
- **能幫助顧客的生活更簡單或避免麻煩嗎？**

如果可以，網站的這部分就應該說出這些附加價值。

要精確，要視覺化

在這個部分，大家會犯的最大錯誤是不夠精確。如果你的產品能幫助顧客省下時間或金錢，你就要說出來。避免難以捉摸的語言，例如「充實」或「滿足」；使用精確的語言，例如「這個夏天你能省下時間」或是「你的草坪會讓鄰居嫉妒。」

視覺化也很加分。當然，使用圖像會有幫助，但是我們也可以利用語言，讓顧客「看到、聞到、嘗到」他們能體驗到的生活。

「每天回到乾淨清新的家，就像女王的專屬清潔工來過一樣。」或是「幾週內就能穿得下當初的結婚禮服！」

你能否看出來，這種語言比「你家會很乾淨」或「你會變瘦」更激勵人心呢？

換你試試

請列出你的產品或服務能爲顧客帶來的價值：

1

2

3

4

5

6

7

8

加上標題

這些問題是否有一個不變的主旋律？你可以用一個醒目的標題來囊括這些利害關係嗎？

記得，一定要在每個部分的開頭加上標題。網站各部分如果沒有標題，就像報紙文章沒有標題一樣，大家會跳過不讀。

以下是一些有效的標題例句：

▼我們的顧客不再掙扎……

▼你不會再感到困惑。

▼事關重大！

▼現在行動，省掉麻煩。

▼每次見到有人苦於……我們都心碎了。

圖 5-11

圖 5-12 第三部分：價值主張

有了標題和你協助人們解決的問題清單，你同時展現出對顧客問題的了解，以及想要協助顧客找到解決方式的同理心。

圖5-11的例子是另一家公司如何描繪它提供給顧客的價值。

現在換你試試，請在圖5-12的空白框勾勒出你的網站價值主張這部分可能會是什麼樣子。

第四部分：嚮導

你必須不計代價，協助顧客取得勝利。在「故事品牌」，我們對行銷人員授予的認證分成兩個部分：訊息架構，以及極簡行銷確認清單。在訓練尾聲，「故事品牌」的行銷指導要做出宣誓，其中一條誓言是「以顧客的成功爲己任」。這表示，我們的行銷指導不會只是要顧客掏錢出來，而是爲他們的投資提供相當豐厚的回報。

一旦你會爲了自己的成功而失眠，而且會爲了顧客的成功而失眠，你的企業就會開始成長。

每個英雄都需要一個嚮導，這就是網站架構的第四部分，我們把自己定位成嚮導。

我再說一次，這些部分的順序可以調整。現在你已經建立了前三部分——故事中的正面、負面、再朝向正面，你的顧客很可能已經被吸引住了。

他們不只是被你邀請進入的故事吸引住，而且因爲你已經描繪出各種利害關係，你的顧客會非常想要你的協助。

嚮導富有同理心又充滿權威感

所有故事裡的好嚮導都有兩個關鍵特質：他們了解顧客面臨的挑戰，而且他們已經爲其他人解決過這些挑戰。

在「故事品牌」，我們稱這爲同理心與權威感。

把自己定位成顧客需要的嚮導，你必須展現同理心與權威感。

當我們展現出同理心與權威感，顧客會立刻認爲我們可以幫助他們獲勝。

同理心和權威感組成一對快速左右勾拳。

想像你去找健身教練，說你想減掉十公斤、增強肌肉，並且開始健康飲食計畫。也許你還對健身教練解釋你面臨某些飲食減重計畫的問題——尤其是，晚上很想吃冰淇淋，還有，很難保持動機去做任何形式的有氧運動。

現在，想像這位教練可能給你兩種不同的反應：

1 教練對你說：「我了解你的痛苦。我也不喜歡做有氧，我其實也可以再減個五公斤。還有，我也喜歡冰淇淋。不然我們一起去吃冰好了，我知道那條街上有家很棒的冰店。」有多大可能你會付錢給這個教練？

2 教練把襯衫脫掉，給你看他的六塊腹肌如何抖動。他對你說，他不吃冰淇淋這種垃圾食物，然後開始滔滔不絕最新研究顯示，吃羽衣甘藍跟高麗菜真的有效，所以你一定要忍耐接受它，把那些誘惑人的食物都丟出屋外。有多大可能你會付錢給這個教練？

只有同理心而沒有權威感，不會使人信服；只有權威感而沒有同理心，也是一樣。

我們眞正信任的嚮導，是能夠同理我們的痛苦，同時也展現出幫助我們的能力。

如果同樣那位教練對你說：

「我完全了解很想吃冰淇淋的感覺。其實我以前也會掙扎，後來我學到要控制血糖。我可以教你一套計畫，我已經幫助過好幾百個像你一樣的人恢復身材，對自己的身體滿意，而且不會失去生活中喜愛的事物，包括冰淇淋。其實有氧運動不會很難，一次做二十分鐘就好。你一定可以做到。」

這才是你想雇用的教練。

在網站中的這個部分，你要清楚表達同理心並展現權威感（或能力）。

在網站上傳達你的權威感，以下是幾種方式：

▼使用者見證。並非所有見證文字都同樣有效——這之後會討論。

▼放上你合作過的企業的標誌。這一點在B2B特別有效。

▼簡單的統計數據。你曾經幫過多少人，你在這一行有多少年經驗，或是服務過多少客戶。

範例：

▼這就是為什麼我們花了二十年時間，協助像你一樣的客戶重拾體態。

▼已經有十萬多人改善睡眠，現在就加入行列！

▼我們的團隊成員資歷加起來超過一百年。

不需要太多，只要一點點權威感就有效。

在網站上傳達你的同理心，以下是幾鐘方式：

▼ **提到顧客的主要痛點：「我們了解掙扎的心情……」很難找得到比這種文字更令人感動。**

▼ **顧客說你多麼用心照顧他們，這是很強力的使用者見證。**

▼ **直白地說：「我感覺得到你的痛苦。」這句話讓柯林頓選上總統，也能幫助你的企業成長。**

同理心

要怎麼對客戶的痛苦或問題產生共鳴呢？

我們信任跟自己一樣的人，所以，你要寫出一段話，顯示你不只了解顧客的痛苦，而且也感受過——不論是透過顧客，或是自己親身體驗過。

教你一個小訣竅，完成這個句子：「我們知道＿＿＿＿的感覺。」

範例：

▼ **我們知道沒有被考慮升遷的感覺。**

▼我們知道網站做得很漂亮，但是卻沒有帶來業績的感覺。

▼我們知道一直擔心自己沒有做對的感覺。

換你試試

顧客的痛苦是什麼？最困擾的問題是什麼？對掙扎中的顧客，你可以說出一個簡短的句子來表達同理嗎？

權威感

你如何讓顧客相信你可以解決他們的問題？

你不需要過度膨脹自己，但是你需要幾個重點來描繪你有能力幫助顧客解決問題，因爲你曾經幫助過別人。

仔細考量你想放在網站上的權威感是什麼類型，並且確定這份權威感與解決顧客的問題直接相關。例如，如果你是經過認證的瑜伽老師，但你公司的業務是草坪養護，那就不要把瑜伽老師這一項放在網站上。這會讓顧客覺得困惑，他們的腦袋沒辦法把你放到某個類別中——你到底是瑜伽老師還是草坪養護專家？比較好的做法是，只放成功幫助顧客的部分：「我們爲顧客省下花在後院的時間，累計達好幾千小時。所以我們的顧客有更多時間在庭院裡享受，而不是在庭院裡工作。」

下面會解析各種類型的權威感，以及如何選擇哪種類型放在你的網站上。

不要過度張揚權威感

要小心，如果你傳達出的權威感太多，同理心太少，你會讓顧客搞不清楚這個故事的主角是誰。是你還是他們？故事必須跟顧客相關。表達同理心，展現權威感，這些可以透過使用者見證來做到。在你的網站上放三或四則顧客見證，會大幅增強你的同理心與權威感。但是，大部分公司沒弄懂怎麼放見證文字。

我們在客戶身上看到的主要問題是，使用者見證太長了。第二個問題是，這些見證文字太散了。

我們在訓練「故事品牌」的行銷指導時，會要求他們訪問顧客，並且仔細聽出其中是否有簡潔有力的見證短句，可以用來說服別的顧客購買。

蒐集這些使用者見證文字時，你要把自己當成新聞編輯。電視台派記者去某地採訪某些人，記者回來時可能拍了二十分鐘或更長的影片，之後這支訪談錄影片會被剪成幾個短句，每句可能只有幾秒鐘。爲什麼？因爲受訪者並不是每句話都很有趣。

蒐集使用者見證時，可以尋找是否有下面這些說法：

1 **克服反對聲音**。找出顧客描述最初跟你們往來時的反對聲音，以及後來克服的歷程。例如：「本來擔心這課程會浪費我的時間，我錯了，在那六小時內，我的進展比過去十年還多。」

2 **解決問題**。尋找（或特地要求）見證，說明你協助顧客克服特定問題。例如：「我的工作整天站著，到了下午五點，都會下背痛。第一次穿上某某品牌的鞋子，到了下午五點，覺得自己還可以輕輕鬆鬆再繼續值班。十年來沒有這麼舒服過。」

3 **增加價值**。尋找（或特地要求）見證，說明顧客得到多少價值，讓他們跨過付款門檻。例如：「因為價格關係，我本來很猶豫。但使用了某某草坪養護服務，而不是另一家公司，我實在太滿意了。我從來沒有對我的草坪這麼自豪。」

見證文字要簡短

一旦你得到適合的使用者見證文字，要確保它夠簡短，可以掃視就讀完。你甚至可以幫顧客執筆，再請他們審核認可。我不是要你編造文字或騙人，我的意思是，你可能會聽到他們跟你說，你改變了他們的生活，而且你知道你會寫得比他們更好。寫出幾個句子，傳給顧客請他們認可。

你的顧客並不是寫手，也不是行銷專家。你可能會覺得自己也不是行銷專家，但是你已經讀到這裡了，已經比九〇%的專業行銷人員知道更多。

運用大頭照

考慮放上顧客的大頭照，讓見證文字更有個人訴求感。讀者會比較相信，覺得跟自己相關。

願意在文字後面公開露臉的人，大家會比較信任。

請利用顧客的名字和照片，除非你需要遵守保密協議。

換你試試

為你的網站蒐集一些使用者見證：

見證一

見證二

見證三

放上合作企業的標誌

另一個展現權威的方式是，在你的網站放上往來企業的標誌，或是曾經報導過你的媒體的標誌。

這麼做的好處是，它不會在網站上占據太多空間，人們一眼掃過，腦中立刻明白「這些人很懂自己在做的事」。

在「故事品牌」，我們經常會碰到有人問：「但是對我這樣的公司會有用嗎？」

爲了克服這種抗拒心理，我們在網站上放了許多性質不同的合作企業的標誌。我們每隔一陣子就會更新網站，但我們還是會放上這些標誌，非營利團體、小企業、國內品牌及國際品牌、大公司和小公司都有。我們網站也有一個部分寫著：「故事品牌對B2B跟B2C公司都有效。」接著列出參加過我們的工作坊、來自各種領域的企業。這樣很快就能建立起權威感，同時也克服顧客的抗拒心理，誤以爲自己是「故事品牌」唯一不能有所幫助的企業。

你不一定要放那些企業標誌在你的網站上，但如果你的顧客來自各種不同領域，可以好好利用這個空間來回答「對我這樣的公司會有用嗎？」的疑問。放上各種商標，顯示你的工作服務的廣度。

換你試試

你會在網站上放哪些商標呢？

放上統計數字

統計數字是展現權威感另一個很棒的方式。你要分享的數字應該讓人迅速且清楚知道，可以信任你能解決他們的問題。

以統計數字展現你的能力，以下是一些範例：

▼ 你協助人們的時間有多長（從事這個行業多久）。
▼ 你曾獲得的獎項。
▼ 你曾服務的客戶人數。
▼ 你為客戶省下多少時間。
▼ 你為客戶賺到多少錢。

換你試試

你會在網站上放什麼統計數字呢？

把嚮導這部分組合起來

網站的嚮導這部分，我們已經給你許多例子。但是記得，這部分不必太冗長或投入太多。

這些範例你不需要每個都使用。如果你沒蒐集到使用者見證，也沒關係，可以將來蒐集後再放上去。如果你沒得過什麼獎，也沒關係。你只需要很快地表達同理心，展現權威感，然後就進入下一部分。

別忘記，你不是在講自己的故事，你是邀請顧客進入一個故事。在那個故事中，你擔任的角色是嚮導，而不是英雄。所以，把自己定位成顧客的嚮導，然後回頭邀請他們進入一個有意義的故事中。

圖 5-13 是一個範例，顯示網站上嚮導這部分會是什麼樣子。

現在換你試試，請在圖 5-14 的空白框勾勒出你的網站中嚮導這部分可能會是什麼樣子。

看看這位顧客如何事半功倍
數千家企業使用「我的裝備」，營業額超過3億5千萬美元。
訂購「我的裝備」，
讓我成為更好的業務員
觀看影片，了解美西運動器材
如何助你事半功倍。

圖 5-13

圖 5-14 第四部分：嚮導

第五部分：計畫

爲顧客鋪一條路，他們就會順著路走。網站的計畫這部分，是告訴顧客該走哪一條路跟你交易。

用視覺方式呈現顧客必須走的路，讓他們看到跟你買東西多麼容易，並且知道自己下一步要怎麼走。

我們建議要有計畫這個部分的原因是，人們不會想走進一團迷霧中。如果顧客搞不清楚接下來要怎麼做才能購買你的產品或服務，他們會離開網站，找藉口說之後再回來搞清楚。當然，我們知道他們不會再回來，而且很可能永遠不會再回來。

顧客要怎麼購買你的產品或服務，雖然這對你來說很明顯，但對他們來說可能不是，他們並不覺得清楚。記得，顧客每天都受到各種廣告和推銷連番轟炸，他們不會花大腦頻寬去弄懂這種「很明顯的事」，不管你的網站多麼容易又清楚。

顧客考慮要不要購買時，讓他們有幾個簡單的步驟，可以跟你的品牌保持連結，並購買你的產品。

喜劇演員布萊恩．雷根，在他的單口喜劇中有個橋段是，他看著一盒糕點，紙盒側面印著如何吃這種甜點的說明文字，他嘲笑那個說明簡單到極點，對於任何吃過東西的人來說，那是再明顯不過。

有人眞的需要知道吃點心的三步驟嗎？當然不需要。但撇開好笑不說，點心盒側邊的「計畫」是一種傳達方式，向消費者的潛意識傳達這樣的訊息：獲得成功結果，比他們想像的還要簡單。

把這三步驟視覺化：打開包裝、加熱，然後吃掉，其實是在說：「這很容易的。幾分鐘之後就會有糖跑進你的血管裡！」而這個簡單的訊息會轉換爲成功銷售。

你在網站上加入計畫這部分時，就像在跟顧客說「不可能會出錯的」。

關鍵是利用三步驟

我們推薦採用三步驟計畫，如果你比較喜歡的話，也可以是四步驟。但是不要超過四個步驟，越多步驟，看起來越複雜，顧客就比較不願意踏上這段路程。

現實情況是，顧客可能必須做七或八個步驟才能跟你買到東西，但是，幫自己一個忙，把這些步驟整併成三個階段。三步驟能讓事情變簡單且容易。

舉例來說，假設你要舉辦宴會，雇請到府外燴，你可能會比較喜歡跟訂購程序分成三步驟的業者交易：

1. **告訴我們你的活動是什麼。**
2. **我們來設計客製化菜單。**
3. **舉辦你的夢幻宴會。**

想像你在網路上搜尋到一個外燴業者，網站只寫著：「保證是你最喜愛的外燴。」卻沒有列出一個簡單的計畫，你很可能會不知所措，不知道究竟要怎麼進行這個程序。雇請外燴業者、把所有食物都送進你家，這些是要做的，但因爲你不知道要怎麼進行，可能會傾向選擇讓你比較了解流程的業者。

視覺呈現要簡單

計畫裡的每個步驟最好使用一個字詞來表示。記得，人們在仔細閱讀之前會先掃視，所以你要把網站安排得容易掃視，關鍵字加粗，或是用條列的方式，會比較容易閱讀。

你也可以用小圖示來標示每個步驟，配上加粗標題、簡短描述，讓訪客不必燒腦去找出你要如何帶領他們獲得成功結果。

換你試試

跟你購買產品或服務，可以分解成三個步驟嗎？這些步驟是什麼？例如：

1 打電話。

2 規畫。

3 建立。

寫出你的三步驟計畫──你要如何帶領顧客獲得成功結果？

1 ______

2 ______

3 ______

現在，你可以在每個標題下用一、兩句話描述每個步驟。這些短句要說的是，如果顧客採取這些步驟會看到哪些好處，或是進一步描述，讓這個過程更清楚。

例如，如果第一步驟是「打電話」，顧客跟你通電話會得到什麼好處？會省下時間嗎？會發現是否合適嗎？會得到目前沒有掌握到的資訊嗎？如果第二步驟是「獲得專屬規畫」，顧客可以不用再浪費時間了嗎？會得到你的專業建議，並且知道接下來要怎麼走嗎？

計畫中的每個步驟應該要有幾個字是關於顧客能得到的好處。花幾分鐘想一想，客戶採取每個步驟之後可以得到什麼好處？

換你試試

客戶採取每個步驟之後可以得到什麼好處？

第一步驟的好處

第二步驟的好處

第三步驟的好處

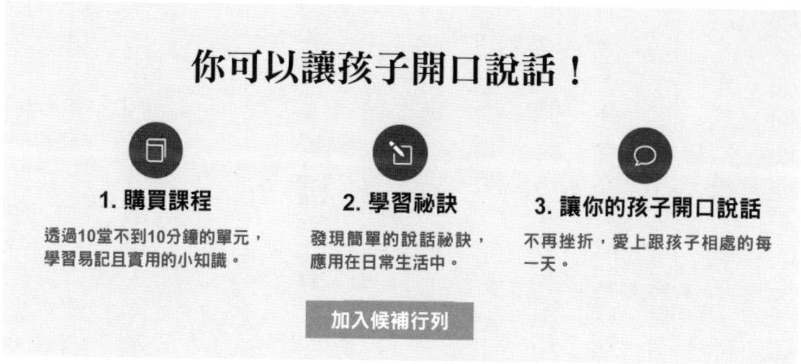
你可以讓孩子開口說話！
1. 購買課程
透過10堂不到10分鐘的單元，
學習易記且實用的小知識。
2. 學習祕訣
發現簡單的說話祕訣，
應用在日常生活中。
3. 讓你的孩子開口說話
不再挫折，愛上跟孩子相處的每
一天。
加入候補行列

圖 5-15

圖 5-16 第五部分：計畫

現在，把這些組合起來，在圖5-16的空白框勾勒出你的網站中計畫這部分看起來會是什麼樣子。

利用小圖示或數字來標示計畫中的每個步驟，然後把描述短句放在標題下面。

第六部分：解釋段落

我們常聽到客戶擔心說，修改文案到能通過原始人測試，就表示沒辦法完全回覆顧客的問題，尤其是比較複雜的產品或服務，將無法提供足夠的資訊，或是傳達他們認爲顧客必須知道的所有事。

不過，在登陸頁面或網站下方，你可以使用更多文字。

大部分使用者離開某個網站是因爲，網站頂部文字太多了。如果你按照我們建議的方式來設計網站，你的顧客會被吸引住，因爲你已告訴他們你提供的是什麼，如何使他們的生活變得更好，還有他們可以怎麼購買。所以，接下來就可以進一步說明你提供的東西，因爲你的潛在顧客願意給你多一點時間。

解釋段落是搜尋引擎優化的來源

如果你擔心網站的搜尋引擎優化（SEO），解釋段落能減輕你的擔憂。SEO演算法經常改變，但只要你使用比較長的段落，涵蓋能銷售產品的字眼，就會有幫助。

而且，在網站放上比較長的解釋段落，能讓顧客覺得，在購買你的產品之前已經做足功課。

大部分人不喜歡衝動購買。我們腦中有個健康的調節器，會想要確認幾個要點，讓自己覺得好像已經做足功課。對於大部分潛在顧客來說，你的解釋段落會搔到癢處。

不過，解釋段落還是很容易搞砸。如果你一直講公司的沿革歷史，一直講你對自己的成就多麼自豪，你就是在浪費顧客的時間。

顧客眞正想要的是被邀請進入故事中，解釋段落正好能滿足這一點。

邀請顧客進入故事中

我會跟你分享一個迅速簡單的公式，讓你簡單就寫出故事。建議你寫草稿時要一字一句都按照這個公式，然後再細部調整，讓這篇文字看起來像是你真正的聲音。

你的解釋段落，要做到以下這些：

1 清楚知道你的顧客想成為什麼樣的人。
2 清楚知道他們想要什麼。
3 定義是什麼問題讓他們挫折。
4 把自己定位成顧客的嚮導。
5 分享一個計畫（其中包含你的產品），顧客可以用來解決他們的問題。
6 請顧客採取行動。
7 為他們勾勒出擁有這個產品之後的樣子。

這個神奇的段落基本上是一個故事，一個讓你的潛在顧客可以投入的故事，他們在讀這段文字的時候會感受到這一點。

我們先用填空的方式完成故事。我會慢慢解釋每一段，讓你自己把空格填起來。

換你試試

在＿＿＿＿（你的公司名稱）我們知道你想成爲＿＿＿＿（顧客想成爲什麼樣的人）。爲了成爲那樣的人，你必須＿＿＿＿（你的顧客想要什麼跟你的產品有關）。問題是＿＿＿＿（使顧客受阻的具體問題），讓你覺得＿＿＿＿（那個問題給他們的感受）。我們相信＿＿＿＿（每個人都必須處理那個問題）。我們了解＿＿＿＿（一句話表示同理），所以我們＿＿＿＿（展現你解決問題的能力）。你可以＿＿＿＿（你的三步驟計畫：第一步、第二步、第三步）。現在＿＿＿＿＿＿（請顧客採取行動），你將不再＿＿＿＿＿＿（會遇到什麼不好的事情，或是如果不下單就會繼續發生）並且開始＿＿＿＿＿＿（如果下單他們的生活會如何改變）。

一遍遍寫出你的解釋段落，直到通順流暢。

你會注意到，寫出這個段落，其實是在為顧客創造一幅心靈地圖。顧客讀過之後，會突然知道自己一直在困擾什麼，要如何克服困擾，以及要採取什麼步驟繼續前進。他們的世界由於跟你的產品及服務產生關聯，變得有意義了。

記得，人們會朝向明確，遠離困惑。

很多客戶告訴我，他們來到我的網站，讀過解釋段落之後就決定購買。他們真正的意思是，一旦我的產品開始對他們產生意義，而且他們覺得自己已經研究過了，就會下單。

解釋段落是個達成這兩項要點的好方法。

寫解釋段落的另一種方式：克服顧客的抗拒心理

寫解釋段落的另一個方式是克服顧客的抗拒心理。每個來到你的網站的潛在顧客，對於要不要購買，都會心存疑問或覺得害怕。你的解釋段落是個機會，移除顧客對於跟你交易的任何心理障礙。有時候只要克服一種抗拒心理，就能導向成功銷售。

爲了克服抗拒心理，得先列出爲什麼人們不願意跟你購買的五大原因。顧客不願意下單的五個藉口或問題是什麼？問題可能是：

- ▼ **產品太貴了。**
- ▼ **我懷疑那對我有用嗎？**
- ▼ **如果對我無效，怎麼辦？**
- ▼ **我懷疑這東西的品質有像他們說的那麼好。**

▼ 過程會花太久時間。

▼ 購買之後，我不知道如何使用它。

▼ 我以前試過像這樣的東西，但是沒有效果。

列出五大藉口之後，針對每個抗拒心理，寫下一、兩句話來克服它。

例如，如果問題是：「這個過程複雜嗎？」

你可以寫個句子：「我們會引導你走完簡單的流程，協助你使用我們的產品，你完全不用擔心。」

如果問題是：「如果我不滿意怎麼辦？」

你可以寫：「我們提供滿意保證服務，不滿意皆可退款。」

寫下這些句子之後，把它們串成可以放在網站上的一段文字。

換你試試

爲什麼顧客不願意跟你買東西？在下方列出五大理由，然後寫下克服這些抗拒心理的回應。

理由一：

回　應：

理由二：

回　應：

理由三：

回　應：

理由四：

回應：

理由五：

回應：

以上兩種解釋段落的範例，如果你想都採用也可以。網頁和登陸頁面可以很長很長，只要文字和圖像有趣就行。如果你眞的採用兩種解釋段落，必須把它們成幾個部分，避免文字看起來太多。當顧客看到文字很多時，會覺得你太用力要他們購買產品，就比較可能會離開網站。別忘了，你的顧客希望購買及收到產品的過程是簡單容易的，所以，就算是比較長的段落，文字也別太多。

在圖5-17的空間，寫下你的解釋段落。

圖 5-17 第六部分：解釋段落

第七部分：影片

接下來的部分，你可以放一支影片，這是你宣傳的另一個機會。不是必要，但我們還是建議放一支影片，用口述跟視覺呈現來重複你的訊息。

許多潛在顧客不會仔細閱讀任何內容，只是捲動頁面，往下拉到影片這部分，因此，你的影片只需要重複已經說過的訊息。

而且，就算有人眞的會仔細閱讀文字，影片裡的敘述也能幫助他們記得你的產品。

影片不必很複雜。其實，你只要對著麥克風念出解釋段落，把文字放在人們使用產品的畫面上，這樣就可以了。

如果你想更進階，可以加入使用者見證，甚至是一段來自公司執行長的訊息。

如果你要放影片，我們建議你依據以下規則：

▼ **影片要短。**大部分專家說，放在網站上的商業影片不應該超過三分鐘太多。我同意這是一般性的原則，但是當然，如果影片夠有趣，也可以是五分鐘或更長。雖說如此，但我很少看到一支五分鐘的影片是無法再精簡的。

▼ **吸引觀眾。**有研究顯示，放在網頁上的影片，過了三十秒鐘之後，三三%的觀眾會離開。所以，一定要迅速抓到觀眾的注意力。怎麼抓住？要確定觀眾最先聽到、看到的是一個問題。你爲顧客解決什麼問題？開門見山，直接從這一點開始講。

▼ **請顧客輸入電子郵件地址以換取看一支比較長的影片。**如果潛在顧客交出他的電子郵件地址，以換取看影片，他們會願意看比較長的影片。爲什麼？因爲他們做了某種「投資」，會比較認眞看待這支影片。如果你的影片比較長，例如十五分鐘或二十分鐘的演講，裡面有實用且吸引人的資訊，你可以考慮把它當作名單蒐集工具，來換取潛在顧客的電子郵件地址。可不要把整個影片放在你的網站首頁，而是

做另一個登陸頁面來放這支比較長的影片。

▼ **取個片名。**許多人只是在首頁放一個 YouTube 連結，然後就在待辦清單上打勾表示做到。這是錯誤的。你要爲影片取個讓人們想看的片名。片名要用粗體字，放在播放按鈕上方。這麼做之後，你會發現，播放次數顯著增加。你可以把片名取爲「我們如何協助數千人解決問題」，或是「我們的流程與眾不同」。

這支影片應該要能夠幫助你成交，影片內容不可以不知所云或難以理解，變成某種品牌認同藝術裝置。

你的顧客想聽到的是明確清楚，而且有趣的訊息，要做到這一點，影片是很好的機會。

換你試試

你的影片要叫什麼名字？你想爲影片配上什麼樣的旁白？你需要什麼畫面來製作這支影片？寫下你的想法，把製作影片這件事當成接下來幾個月的重要專案。

製作影片的筆記

第八部分：價格選項

我們先說結論，許多客戶的網站上要不是列出客製化定價，就是列出太多產品跟標價。請不要覺得你必須把價格全部列出來。

但是，如果你要賣的產品有個基本價，而你想放在網站上，你可以在說明基本價之後，條列出每項產品的價格及內容。

還有，如果顧客點下某個價格或產品，應該要連到另一個登陸頁面，在這個頁面上只有這項產品的資訊。這個登陸頁面的製作公式跟主頁面完全一樣，但是只有特定產品的文字和圖像。

這樣你就可以建立一個樹狀連結的網站，每個登陸頁面要沿用同樣的設計方式，你的顧客才不會覺得困惑或迷失。

列出產品的價格時，建議你列出三個不同的價格選項。就算你只有一項產品，請考慮將它跟其他物品或服務包套，這樣你就會有三種價格。爲什麼？因爲顧客喜歡有選項，當你給他們幾個選項時，他們更可能選擇其中一項購買。

如果你賣多項產品，主頁面只要列出最暢銷的那一款，當顧客滑鼠點下「購買」時，會進入比較像目錄的版面。或是把你的產品分類，例如分成「男人」「女人」和「小孩」，分別連結到三個登陸頁面，各列出三種價格。

很多「故事品牌」的行銷指導發現，顧客通常會選擇三種價格中間那一個。顧客不喜歡最便宜、也不喜歡最貴的選項，但他們確實想要買得實惠。

對於每種價格，一樣要說明顧客可以買到什麼。

圖5-18是一個例子，網站上列了簡單的價格選項。

現在換你試試，在你的網站上，價格這部分會是什麼樣子？請在圖5-19的空白框中寫下草稿。

圖 5-18

圖 5-19 第八部分：價格選項

第九部分：垃圾抽屜

這是你的網站最重要的部分，因爲你可以在這裡列出所有你之前以爲重要的東西！

許多網站頂部放了太多按鈕跟選項，我們強烈建議把這些選項放在網站下方，這部分我們叫它垃圾抽屜。

網站頂部不要放太多連結是因爲，你會讓潛在顧客感受到做決定的疲累。最重要的連結是直接的行動召喚和過渡的行動召喚，下一章我會說明。

人們會捲動到網頁最下方，找到徵人訊息、聯絡方式、甚至「關於我們」等等資訊。所以，把網頁頂部保留給那些還沒決定要給你很多時間的訪客。

只要把問與答、徵人訊息、聯絡方式、關於我們等等資訊放在網頁最下方，如果有人想找，就能找到。利用垃圾抽屜來清理空間！

你要在垃圾抽屜裡放什麼？請在圖 5-21 的空白框中寫下你要放在垃圾抽屜裡的每一樣東西。

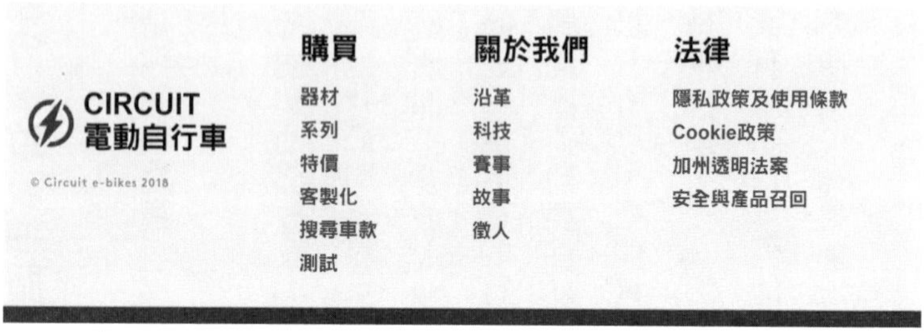

圖 5-20

圖 5-21 第九部分：垃圾抽屜

打造高效網站

一個網站還有很多其他部分，但這九大部分是我們認爲最重要的。「故事品牌」的幾百位行銷指導，總共協助過數萬家企業打造他們的網站，這是不會錯的。如果這對其他跟你類似的企業有效，那麼也會對你有幫助。

現在，你已經建立了這九大部分，就可以用你覺得適合的方式來安排版面。

利用你在MarketingMadeSimple.com網站下載的銷售漏斗空白頁來架構你的新網站。

現在有很多數位工具可以讓你建立網站，但是我建議你，先用紙筆寫下所有文字。爲什麼？因爲透過手寫，你會比較專注在自己所說的話，還有用了多少字，而且也不會因爲數位圖像而分心。那些圖像看起來漂亮，但是對銷售無益。

此外，在紙上做出網站架構，這需要時間，是比較慢的過程，你會靜下心來思考自己想呈現的是什麼。你所花的時間和專注力，將會轉換成銷售數字。

你花了比較多時間跟心力來規畫你的網站，就算找網站設計師，你也已經做了大部分的工作。

如果你找「故事品牌」的行銷指導，他們會知道爲什麼你這樣安排網站，但如果你找的是不熟悉這套架構的人，不要被他們說服，而放棄使用這些工具來規畫你的網站。我們已經證明這套網站架構會產生非常好的效果，並且大幅增加銷售。不要被那些色彩盤及會動的圖像給騙了。這套網站架構才是眞正有效的！

做好網站架構之後，你就完成了銷售漏斗的前兩個元素。現在，你已經有了行銷金句和網站。

但是，這才只是剛開始而已。增加銷售的眞正關鍵是蒐集電子郵件地址，寄出電子郵件培養顧客和促請購買。這個過程的結果就是，訂單會自動進來。

接下來，我們談銷售漏斗的第三個元素：名單蒐集工具。

第六章

設計名單蒐集工具

給個理由讓他們把電子郵件地址交給你

想像你跟某人見面，你覺得對方很有趣，但是你們沒有交換聯絡方式。除非你們在某個地方又見面了，否則你很快就會在短時間內忘了那個人。

但是有時候初次見面不太適合跟對方要聯絡方式，或是對方沒有問，我們也不好主動給出自己的聯絡方式。

在商務關係中，名單蒐集工具是交換聯絡方式很棒的藉口，而且不會覺得奇怪。彼此互動就像這樣：「嘿，讓我把剛剛說的資訊寄給你。你的電子郵件地址是？」

如果對方覺得你很有趣，名單蒐集工具能讓你拿到他們的聯絡方式。不要錯失拿到這些資料的機會！

如果你很有趣，還能幫助他們生存，人們會想跟你保持聯絡

現在，你有了行銷金句和網站，你的潛在顧客好奇你會怎麼幫助他們解決問題，他們想得到更多資訊。

你已經贏得被傾聽的權利，他們想花更多時間了解。爲了蒐集電子郵件地址，一份好的PDF，長度應該大約二十分鐘之內可以讀完。雖然聽起來不是很多，但是對任何顧客來說，其實已經算很花時間了。

恭喜！因爲你成功勾起顧客的興趣，並且將自己定位成嚮導，顧客願意爲你投入資源。

你已經正式在一段經過承諾的關係中。

你可以把行銷金句想成是對某人的第一次自我介紹，把網站當作是第一次、第二次、第三次約會。那麼，名單蒐集工具就是你的顧客第一次眞正做出承諾。

當然，現在還沒有財務上的承諾，但是潛在顧客把電子郵件地址交給你的時候，他們跟你確實進入了一段健康的商務關係。

雖然給你電子郵件地址並不是財務上的承諾，但這仍然是很大的承諾。

大部分人並不會隨便把電子郵件地址給別人。對潛在顧客來說，交出電子郵件地址，等於是給你十美元或二十美元。他們不希望收到垃圾郵件或詐騙郵件，不希望信箱裡塞滿垃圾，所以通常不太會給電子郵件地址。

事實上，大部分人根本不想給電子郵件地址，而且越來越少人願意拿出來。不過，這對你還是一個好消息。爲什麼？一個理由是：任何願意給你電子郵件地址的人，是眞的對你的產品或服務非常有興趣的人。

這時代，越來越少人願意給電子郵件地址，代表這些人其實是更好的潛在顧客。

要怎麼讓人們願意交出他們的電子郵件地址呢？我們必須回報更高的價值，必須尊重他們的收件匣。

免費的價值能產生信任

名單蒐集工具通常是提供給潛在顧客的免費資產，以建立權威感和信任關係。

這個名單蒐集工具可以是一份ＰＤＦ、一系列影片、免費試用品、現場活動，或是任何你可以提供給潛在顧客，協助他們解決問題的東西。

我們建議一開始先用ＰＤＦ作為名單蒐集工具。

我們公司「故事品牌」成立時使用的ＰＤＦ，叫做「你的網站應該包含的五件事」，好幾千人下載這份ＰＤＦ，其中幾百人最後參加了我們舉辦的行銷工作坊。如果沒有那份ＰＤＦ，我們絕對無法起步。

從那份ＰＤＦ開始，我們創造了更多銷售漏斗，提供更多ＰＤＦ，加上免費的影片課程及網路研討會，甚至是免費的教學活動現場直播。很快的，我們每天蒐集到幾百個電子郵件地址，業務開始成長。

先從ＰＤＦ開始，最棒的是，製作成本很便宜。不像以前需要印一本書，現在用來蒐集電子郵件地址的ＰＤＦ可以簡短、視覺化、有說服力、有幫助，而且可以在一個週末就設計完成。

至於ＰＤＦ的內容，你應該把自己定位成顧客的嚮導，回答顧客的提問，解決顧客的問題，勾起興趣，讓對方產生互惠的感受。建立潛在顧客對你的產品或服務的信任感，讓他們對可以體驗到的成功產生憧憬，促使他們採取小小的行動，最後下單購買。

名單蒐集工具應該達成什麼？

好的名單蒐集工具應該做到下列事項：

1 **把自己定位成嚮導**。這是個好機會，讓你對潛在顧客展露同理心與權威感。展現你是一個正確的嚮導，能夠協助他們解決問題。

2 **宣示你的領土**。利用這個機會把自己和其他人區隔出來。分享你對某個主題的獨特知識，並且展示你如何解決顧客的問題。

3 **區別閱聽對象的屬性**。名單蒐集工具應該針對你想接觸到的族群。如果你想接觸到的族群有著不同的屬性，可以製作不同的名單蒐集工具來接觸這些對象。假設你是財務顧問，你的客戶有著不同的型態，那就要個別鎖定這些對象。如果鎖定的是才剛剛開始投資的族群，你的名單蒐集工具的標題可以是「初次投資會犯的五個錯誤」；如果鎖定的是比較進階的族群，名單蒐集工具的標題可以是「如何傳承財富而不寵壞子孫」。準備不同的名單蒐集工具讓不同族群分別下載使用，然後你就可以針對不同族群做電子郵件行銷。

4 以解決問題創造信任。

以解決問題創造信任。這一點我們不斷強調，所以你應該注意到這很重要。任何生意就是要解決某人的問題，你必須討論這個問題，否則沒有人會知道你為什麼要存在。不只是你的產品，你的名單蒐集工具也應該要能夠解決問題，而且是免費的。一旦你開始幫顧客解決問題，他們會把更多問題交給你來處理。例如，你可以分享有機食品的營養知識，然後邀請人們來上課，教他們如何在後院種菜。有些行銷專家說這是「免費公開為什麼，賣的是如何做到」。我喜歡這個規則，但是我也喜歡免費讓人家知道如何做到，表示慷慨。「故事品牌」的 podcast 比很多大學的ＭＢＡ課程提供更多，但是沒關係，我並不認為那會花掉我們多少錢。我從來不曾因為慷慨而吃虧，況且，並不是每個人都有錢。沒有錢不表示不值得擁有一席之地。對你的顧客慷慨大方，他們成功之後會記得你。

5 **創造互惠**。當你免費提供價值，顧客會覺得虧欠你和你的品牌，這甚至不是有意識的。當你免費提供內容和價值，顧客會想回報你的幫忙，就比較願意下單購買。

6 **標題要有趣**。標題一定要讓大家會想下載。沒有人會想下載「一張白紙」或「案例研究」，但是會想下載「訓練小狗會犯的五個錯誤」或「在家就能讓營收翻倍」。標題要醒目而大膽。

你能製作什麼樣的ＰＤＦ？

用來蒐集電子郵件地址的ＰＤＦ不一定要複雜，你應該能夠在兩、三天之內做出一個有效的名單蒐集工具。關鍵是不要想太多。

實際情況是，在你的產業中，你很可能是個專家。如果你不是個專家，一定還是比潛在顧客了解你的產品。分享你知道的，把自己定位成嚮導，那就打了一半勝仗。

我們來看看製作PDF文件的十個點子，很容易製作，而且能給客戶很棒的價值：

方法一：訪問專家

建立權威感、宣示領土的好方法，就是去訪問對你的產業具有透徹知識的專家。

如果你的領域是特定的利基市場，找一個有影響力的人物，安排時間跟對方見面。會面時，你提出顧客會問的問題，引導你的訪談對象往答案靠近，包括可以解決問題的實務知識。

例如，寵物庇護所可以跟領養部門主任坐下來對談，提問：「每個家庭在領養小狗之前，應該考慮哪七件事？」

如果你爲稅務事務所做行銷，就去訪問一位註冊會計師，提問：「大家在報稅時最容易犯的五大錯誤是？」

順便一提，這場訪問不一定要製作成ＰＤＦ。除了ＰＤＦ之外，你還可以做直播，或是錄製podcast。

換你試試

你可以訪問哪三個人，爲你的顧客提供特殊價值？

方法二：確認清單

如果你想試試某個名單蒐集工具的內容策略，但是沒有很多時間，有個好方法是從確認清單開始。

確認清單很簡單，它帶領你的讀者思考與解決問題有關的想法。

假設你開一間診所，你的確認清單可以問幾個健康問題，例如：

「你爬樓梯的時候會喘嗎？」

「你是否每天大約下午三點就覺得疲勞？」

「你是否有睡眠困擾？」

藉由每個問題，你可以陳述你的診所能夠協助人們解決這些困擾。

如果你是賣鍋具和廚房用品，確認清單可能會是「每個充足的食物櫃需要的五十項東西」。

確認清單是很好的方式，讓顧客理解到他們缺少了什麼，而你可以如何幫助他們。

如果你賣的是智慧財產或訓練，可以考慮列出一份確認清單讓你的顧客知道，在你擅長的領域，你可以如何幫助他們更進一步。如果你是個公開演說的教練，你可以考慮製作「十種非常棒的演講開頭」或「使演講者看起來像業餘愛好者的三件事」的ＰＤＦ。任何有興趣提升演說能力的人一定會下載這份清單。

換你試試

你可以列出什麼確認清單，讓你的顧客了解他們缺少了你的產品？

方法三：製作學習單，讓你的客戶重複使用

想想客戶的生活中有哪個部分是你可以協助改善的，然後製作一份可重複使用、能解決問題的學習單。

這份學習單可以是任何東西，從每週行銷計畫，到目標設定。每天或每週的學習單，可能把一件棘手的大工程變簡單。

把學習單設計成顧客可以每天使用，這樣他們就會每週、甚至每天被提醒你的存在，而且你可以協助他們。

任何主題的學習單都可以，營養新知、功課表、草坪養護、生日提醒，或任何人們可能需要把想法組織起來的領域。

換你試試

有哪三個領域你可以製作學習單來協助你的顧客組織想法？

方法四：舉辦教育活動

教育活動不一定都是騙人的，如果能協助你的顧客解決問題，那就非常有價值。

免費活動也可以提醒大家，你提供的產品或服務是什麼。對餐飲業者來說，一堂免費的烹飪課是非常好的點子。房貸公司舉辦網路研討會，主題是如何存錢買下第一間房子，那也很棒。

人們下單購買之前，通常求知若渴。如果你提供那些資訊，他們更可能直接跟你購買。

換你試試

你可以舉辦什麼教育活動加強你跟顧客之間的信任？

方法五：提供樣品

看你提供的是什麼產品或服務而定，或許你可以免費提供樣品給潛在顧客。

如果你的商品是年度計畫本，或許可以提供一份強調有效管理時間的PDF，附贈七天學習單給顧客運用。這樣做，你的潛在顧客收到有價值的東西，而你也創造一個機會向他們推銷你的年度計畫本。

如果你的產品是某種食品或特殊產品，可以考慮免費贈送樣品。食品店提供試吃、試飲的小包裝是有理由的，因爲它能導向銷售！

還有其他例子：晚餐食譜、雞尾酒食譜、最新的髮型書、一張免費修剪草坪的服務券、化妝品試用包，甚至是一份免費餐點。

如果你有實體營業據點，你可以提供一張樣品兌換券，讓顧客到店裡來兌換。

換你試試

你可以提供什麼小東西來跟潛在顧客建立信任，並且向他們介紹你的產品或服務的品質？

方法六：網路研討會

網路研討會是吸引顧客很棒的方式。

網路研討會的目標應該是提供訓練或資訊，協助你的顧客克服某個特定問題。顧客參加研討會是免費的，而你交換到的是他們的電子郵件地址，而且在研討會最後，你不只有機會向他們介紹產品，還能保持後續聯絡，在接下來幾週到幾個月之間，透過電子郵件培養顧客，或是促請購買。

研討會結束之後，你還可以將研討會中分享的資訊編排成ＰＤＦ，放在網站上供人下載。

換你試試

你能在網路研討會裡分享什麼主題？

方法七：把主題演講變成名單蒐集活動

主題演講是個很棒的方式，可以爲你的服務創造需求。

無論你提供的是什麼產品或服務，找到你擅長的領域，把演講內容準備好，在活動中發表。你甚至可以自己舉辦活動，邀請大家來參加。

你可以講的題目，例如「會計師會犯的五項錯誤，讓你白花錢」，或是「使團隊發揮極致而不折損的方法」，這些會吸引到可能需要相應產品或服務的客戶。

如果你做的是B2C的生意，你可以找出人們不知道的有趣事實或資訊。假設你是賣鞋子的，可以考慮的演講主題是「從沙發到五公里，比你想的還簡單」，或是「爲什麼鞋子可能讓你更懶惰！」。

換你試試

找出三個你擅長的領域，規畫主題演講，把自己定位成專家。

方法八：搔到好奇癢處

我們都做過這種事：因爲好奇點下某個連結，結果浪費了寶貴的時間。小時候的偶像現在長什麼樣子？世界上最大的船是怎麼造出來的？

不知不覺點下這些誘餌標題，我們就浪費了人生中永遠不會再回來的五分鐘。但是你得承認，那些內容其實有點好玩。

我們曾經跟某個全球性的寵物食品品牌合作，我建議他們把旗下的遛狗公園整理成名單蒐集工具。這家公司很大方，在全世界都設有遛狗公園，但是卻沒有利用它們來蒐集顧客的電子郵件地址。我的建議是什麼？製作一個名爲「在遛狗公園裡，你的狗心裡想的五件事」的檔案，讓人們由手機下載。畢竟大部分狗主人在遛狗公園裡只是站在那邊滑手機而已，所以不如告訴他們，爲什麼狗狗們在遛狗公園裡會彼此聞屁股！

換你試試

你的潛在顧客對你的產品或服務感到好奇的是什麼？你如何把這份好奇轉換成名單蒐集工具？

方法九：陷阱清單

這很像確認清單。你的潛在顧客可能正要落入陷阱，或是正在經歷挑戰，而你可以幫助他們避免。

陷阱清單的標題像是「買房要避免的五個理財錯誤」「領導團隊的三個致命錯誤」，或是「害你拿不到工作的十個面試大忌」，這些能幫助潛在顧客避免痛苦，讓你以專家身分獲得信任。

換你試試

你可以協助顧客避免哪些陷阱，你可以寫出三個標題嗎？

方法十：開放參觀日

你可能會很驚訝，房產業的開放參觀日其實跟賣房子沒關係，而是房產仲介與潛在顧客建立關係的一種方法。

對房產業來說，開放參觀日是非常好的方法，可以獲得潛在顧客的聯絡資訊，然後進一步培養關係，解決他們的問題。

不過，不一定要是房產業才能運用開放參觀日。你可以舉辦免費的烹飪課、產品試用會、工藝鑑賞夜，或是邀請人們去你家聽你分享你做的事，藉此營造社區感，建立關係。

換你試試

你能想出一個好理由，邀請人們到你家或公司聽你分享你做的事嗎？你可以舉辦什麼活動把潛在顧客聚在一起？

不要停止思考名單蒐集工具

大部分人不喜歡推銷，而名單蒐集工具最棒的是，它給你一個藉口去談你的產品和服務，而且不跟人家要錢。如果某人下載你設計的名單蒐集工具，或是到現場聽你演講，代表他們想更進一步了解，這讓接下來的銷售對話變得比較自然而眞誠。

不要停止思考名單蒐集工具，你花在這上面的時間，應該跟創造產品的時間差不多。爲什麼？因爲如果沒有這些工具，你可能賣不出任何產品。

我希望這些想法對你有幫助。

利用名單蒐集工具，我們會吸引到眞正需要且想要你的服務的顧客。你蒐集到的電子郵件地址會急速增加，你可以用自然、不落俗套的方式成交。

設計你的名單蒐集工具：PDF製作步驟指南

創造吸引人的標題

首先要考慮的是標題。你希望這份PDF吸引人又有力量，讓人們有理由下載，那麼，從標題就要顯示出你提供的價值。

以下是幾個PDF標題，它們都得到很好的反應：

▼ **擁有第一桶金會犯的五個錯誤**。由財務顧問提供一份可下載的指引，希望能找到的客戶是年輕的百萬新貴。

▼ **建立夢想中的家：蓋房子之前必須懂的十件事**。由建築師提供的免費

電子書，希望能在自建住宅的家庭族群之間建立自己的嚮導地位。

▼ **雞尾酒俱樂部：每個月學一款雞尾酒。**這個每月一次的活動竟然是園藝中心主辦的，教出席者利用香草爲酒類調味。這個活動是爲了創造社群，教人們如何種出一個香草花園。它會有用嗎？生意很好喔！

▼ **如何成為專業演講人。**由商業教練提供給任何想成爲專業演講者的免費線上課程，它找到的是長期訂購教練課程的潛在顧客。

▼ **如何讓你的狗在有人敲門時不吠叫。**由寵物店提供，以建立這家店在訓練及寵物照顧上的專家地位。

▼ **鞋子竟然會造成這五種疼痛（以及如何對治）。**運動鞋店列出人們可能誤入的陷阱，目的是指出購買便宜的鞋子並不值得。

▼ **經理人使生產力下降的五個錯誤（我猜你今天早上就犯了三項）。**這也是陷阱清單，由管理顧問提供。

現在你已想過標題了，接下來進行到PDF的內容。記住，不需要用很多文字。你只需要解決顧客的問題，然後在新的關係中贏得信任。

夾在中間的肉塊：內容

寫PDF有一百萬種方式，但我要給你一些公式，寫起來會比較簡單。如果你不是專業寫手，別擔心，你只要寫個大綱，然後聘請文案寫手鋪陳一番。

相信我，下面這份大綱會讓你聘請的文案寫手更容易完成工作，而且最後產品會很棒。

第一段

第一句：你的顧客碰到什麼問題？

第二句：針對顧客的痛點，寫出一句同理的話。而你曾經做過什麼事，會讓他們相信你能解決他們的問題？

第二段

第一句：再多鋪陳一點那個問題。或許可以談談有人面對這個困難時可能會碰上的挫折感。

第二句：針對問題提出解決方式。提供方法、典範、食譜或配方，任何能夠為顧客解決衝突的某個東西。

第三段

清楚提出一步一步的計畫或條列式祕訣。提出三個祕訣、專家建議，或是學習單，協助你的顧客克服困難。這一段是PDF的主要內容。

第四段

定義利害關係。如果他們不聽從你的建議，會有什麼利害關係？

第一句：列出如果他們沒有參考你的建議採取行動，可能會發生的負面結果；以及如果他們參考你的建議，會有什麼好的結果。

圖 6-1

第二句：請他們採取行動。下一步應該做什麼？

以上是蒐集潛在顧客電子郵件地址的PDF樣式，很基本，但很有效。

圖6-1我們示範爲一家假想的電動自行車公司所寫的文字。

換你試試

寫出PDF的四段內容，你將設計出一份很棒的名單蒐集工具。利用下面這個空間打草稿，然後跟你的設計師合作，或是到我們網站MarketingMadeSimple.com聘請一位「故事品牌」認證的行銷指導，爲你做出一份PDF檔案。

吸引人的標題：____________________

第一段

第一句：（問題）

____

____

____

第二句：（表示同理，以獲取信任）

第二段

第一句：（鋪陳問題）

第二句：（提供解決方式）

第三段：（步驟計畫或條列式祕訣）

第四段

第一句：（不行動的負面結果；採取行動的正面結果）

第二句：（呼籲採取行動）

如何運用名單蒐集工具？

完成了名單蒐集工具之後，第一件事就是放到你的網站上，鼓勵人們使用。你可以在網頁上規畫一個區塊來宣傳它，但是我也推薦使用彈出式廣告。

我知道彈出式廣告很討厭，但是它很有用。彈出式廣告通常比一般廣告點擊率高，比較能在潛在顧客離開網站之前得到他的電子郵件地址。

彈出式廣告有幾個須注意的地方：

1 **給訪客足夠的時間瀏覽**。不要立刻顯示彈出式廣告。讓顧客瀏覽網站大約十秒後，才跳出廣告。你也可以做「退出意圖」彈出式廣告，這種彈出式廣告只會在訪客移動滑鼠意圖離開網站時出現，讓使用者有比較多時間瀏覽而不被打斷，而且還是能在他們離開之前拿到資訊。

2 **了解規則**。搜尋引擎一直在改變彈出式廣告的使用規則，你可能會因為它太大、遮蓋掉太多網站內容而受到處罰。由於規則一直在變，我們建議先跟專家談談，或是先做點研究再設計你的廣告。

3 **不要讓訪客按×關掉廣告。**我們大部分人已經發展出第二天性，看到彈出式廣告就會去按右上角的×，連廣告是什麼都沒瞄一眼。你的彈出式廣告上不要有×，而是讓訪客按一個句子才能關掉。句子可以是「謝謝，但是我不想省錢」，或是更強烈的「我覺得讓競爭者勝出沒有關係」。這可能會讓人覺得是點擊誘餌，但它能強迫訪客在關掉廣告時眞的讀到你提供的是什麼。

推廣名單蒐集工具

其實，我們花在推廣名單蒐集工具的錢，應該比花在推廣產品還要多。名單蒐集工具是導向銷售很有效的方式。

你可以考慮在社群媒體、甚至利用付費廣告來推廣名單蒐集工具。

爲了推廣名單蒐集工具，我們在網站上放了廣告，也專門爲每個名單蒐集工具建立不同的登陸頁面。這樣我們就可以從特定貼文、廣告或某一集podcast，連結到特定網頁。

登陸頁面不必看起來跟主頁面完全一樣，但是一定要確定每個頁面都遵循你的訊息原則，否則就會冒上使顧客混淆的風險。文字要保持清楚易懂，而且琅琅上口。

好文筆的訣竅

先前提過，名單蒐集工具可以很有創意，但是，最簡單也最不花錢的就是

PDF。

在你開始動筆之前，要記得幾項很常犯的錯誤。最大的錯誤是：

1 **一下子抓太多問題**。當然，你的客戶有很多問題要解決，但是，如果你試圖一次解決超過一個問題，他們閱讀時可能會覺得有點疲勞。一次只專注在一個問題就好。

2 **用了太多文字**。一定要注意版面配置，看看文字是否流暢、容易閱讀。這份PDF要能讓人一眼掃過。思考配圖、行距、放大部分字體等等，任何可以讓讀者輕鬆閱讀的方法。文字越少越好！

3 **太模糊**。文字不要裝可愛或裝聰明。如果你要解決的問題說得不清不楚，他們會搞不懂你到底可以提供什麼。不要寫「犬科同伴之美」，而是「挑小狗要記得這三件事！」。

4 **標題不夠吸引人注意**。標題一定要很有趣。如果你從來沒有聽過某個產品或服務，你會想要讀一篇文章的標題是「與房屋淨值相關的市場不穩定之研究」，還是「如何在房價下滑時增加你的房產價值」？

測試你的方法，並依需要而調整

測試、測試、再測試。

一旦把名單蒐集工具放到你的網站上，一定要追蹤它的效果。只要它有發揮作用，就繼續用。如果沒有，花點時間再做一個新的，然後重來一次。我會說，我們製作的名單蒐集工具大約六〇%會吸引到觀眾，四〇%沒有作用。

先前說過，我剛成立公司時，所有生意都從一個名為「你的網站應該包含的五件事」的PDF開始。然而，我非常震驚的是，我還有一份相當紮實的

PDF「如何爲你的企業做好面對經濟衰退的準備」，幾乎沒得到任何回應。我猜是因爲人們不願意去想經濟衰退的事。

最重要的是，至少要有一個名單蒐集工具發揮作用，然後你要繼續添加，直到每天都能收到數量還不錯的電子郵件地址。

一旦你建立第一個名單蒐集工具，你會開始收到電子郵件地址。不過遺憾的是，很多人沒有好好運用，錯失了大好機會。

這就帶我們進入銷售漏斗的第四個元素：電子郵件行銷。

第七章

電子郵件的威力

如何在人們的信箱中占有一席之地

拿到電子郵件地址之後，你該怎麼做？

名單蒐集工具就是爲了拿到電子郵件地址。記得，潛在顧客把電子郵件地址交給你，你應該視爲一個重要引線。

這是最佳機會，定時寄出有價值的電子郵件內容，繼續建立關係，賣出能夠解決他們的問題的產品。

只有少數人會立刻購買產品，大部分人需要對你的公司更進一步了解，才會感覺到某種信任。

潛在顧客下載ＰＤＦ之後，你卻沒有跟他們保持聯絡，就像你想約某個人出去，要到電話號碼之後卻沒有打給他。

如果有人把電子郵件地址交給你，他便預期你會寄電子郵件給他。你手上有了資料，就要追下去！

本書這個部分，我們會引導你學會兩種電子郵件行銷，兩種都能使你的公司業務成長。

我們建議的兩種電子郵件行銷分別是：

1 **培養顧客的電子郵件**。跟潛在顧客保持聯絡，並且逐漸贏得對方信任的電子郵件。

2 **促請購買的電子郵件**。目的是促使潛在顧客下單購買的電子郵件。

電子郵件行銷的重要問題

我們的客戶對電子郵件行銷有很多疑問。大部分人對於寄電子郵件有點緊張，因爲感覺好像在對全世界放送。其實不是的，你只是對一群請你保持聯絡的人放出這些訊息。

電子郵件很不容易出錯，但是我們還是把基本應該注意的列出來。

問題一：要寄出多少封電子郵件？

盡量多寄，但是一定要增添價值，而且要有趣。

大家希望知道到底要寄出幾封電子郵件，有沒有一個「神奇數字」。但是，不要這麼在意到底要寄幾封，而忘了這一系列電子郵件的目的是爲了抓住顧客、深化關係。

我們建議，至少每週寄出一封電子郵件。但是，如果你有什麼有趣的事情要說，可以再提高頻率。我在「極簡商業課」培養潛在客戶的內容行銷，每個工作天都會寄出一封免費的商業小知識。雖然聽起來好像很多，但是有幾萬人訂閱，而且很少人取消。我必須注意的是，影片一定要簡短、切合主題、有實際幫助，而且絕對不無聊！

問題二：如何精熟電子郵件寫作藝術？

跟別人學習，然後練習、練習、再練習。

首先我們必須記得，它不是什麼高深專門的技藝。你不會馬上就學會，但是沒關係，只要每天進步一點點就夠了。

第十章我會帶你做電子郵件寫作的深度練習，但是如果你不知道從哪裡開始，以下是幾個訣竅：

▼ **讀別家公司的電子郵件主旨**。哪些會抓住你的注意力？爲什麼你會打開這些郵件？

▼ **讀雜誌標題**。在超市等著結帳時，看一下旁邊的雜誌架，注意哪些標題會引起注意。

▼ **用對話的語氣**。像講話一樣寫出來，好像在寫信給朋友或家人那樣。

▼ **一定要思考**：「我可以協助讀者克服的問題是什麼？我可以增加什麼價值，我能對潛在顧客展現什麼同理心和權威感？」

最後四個建議，我引用海明威的說法：

▼ **用字簡單**。我們希望看起來聰明又風趣，結果反而是遲鈍而無趣。沒理由用艱深的字眼。雖然書面和說話是不一樣的，但是把你的郵件大聲念出來，可以好好測驗是否寫得夠清楚。使用艱深的字眼、內行人才懂的語言、複雜的詞彙，會讓你的顧客非常困惑。別忘了，困惑就

輸了。

▼**句子要短**。當某人點開你的郵件，他願意給你的時間絕對比到你的網站更多。但是，也不要過頭了。句子要短，讓這封郵件容易閱讀。長句會讓你的讀者燒掉很多大腦卡路里。你索求的卡路里如果太多，讀者燒到某個地步就會離開。

▼**段落要短**。當某人點開你的郵件，你要確定的是，展開的文章看起來不是像一本書。他們不是來讀托爾斯泰的。把你的文章分成一段段簡短的段落，這封電子郵件看起來就不會太花時間，他們更會去讀它。

▼**動態的詞**。動態的詞會讓句子更有趣。不要說「我們正在打折」，而是說「你會想衝進我們大門，因爲幾乎全館降價」，像「衝」「降」這些字眼是有趣的，因爲它們表示行動。

來寫些電子郵件吧！

學到以上這些之後，我們接下來仔細探討，如何寫出培養顧客的電子郵件，以及促請購買的電子郵件，讓你的顧客眞的會想收到這些郵件。

第八章

以電子郵件培養顧客

來培養這段關係吧！

以電子郵件培養顧客，是什麼意思呢？就是透過持續寄出好幾封電子郵件，培養你跟客戶的關係。有些人稱它爲「涓滴行銷」，因爲是在一段比較長的時間，一點一滴慢慢把資訊傳送給顧客。

培養顧客的電子郵件，你一點一滴提供給顧客的資訊是，你如何解決他們的問題，爲他們提供價值。

保持在場

爲什麼培養客戶很重要？因爲大部分顧客並不會馬上購買你的產品，通常必須聽過你的產品五次或六次，然後才購買。爲什麼？因爲他們信任熟悉的人事物，不信任不熟悉的人事物。那麼，怎樣讓他們覺得熟悉某個東西或某個人呢？那就是：在不同背景下，從不同管道，一再重複聽到。

所以，想像某個顧客從朋友口中聽說了你，這是接觸點一。接著，顧客又從另一個朋友聽說你，這就接觸點二。接著，顧客來到你的網站，因爲你採用我們推薦的架構，你邀請潛在顧客進入一個清楚的故事，他更進一步理解你的產品有多厲害，這是接觸點三。接著，他下載你的ＰＤＦ檔案，這就接觸點四。接著，他開始收到你寄來的電子郵件，這就代表接觸點五到七。他跟工作上的朋友討論了你的產品，這是接觸點八。接著，同一個週末，他又收到你寄來的電子郵件，這是接觸點九。這時候，他明白自己打算購買你的產品已經好幾週了，但就是沒挪出時間來下單。最後終於在廚房桌邊坐下來，掏出簽帳卡完成購買。

與顧客之間的關係大致上就是如此。因爲你寄給顧客好幾封電子郵件，加速了這些接觸點，能夠比較快進入一段信任關係。

事實上，如果沒有這些電子郵件，潛在顧客可能永遠不會下單！

人們準備好就會購買，但你是否還在？

實際情況是，人們會在他準備要買的時候下單，而不是你準備好要賣的時候。當然，他們準備好，而你也在他們身邊，這時最可能成交。每週寄出一封電子郵件，可以確保當顧客準備點擊購買畫面時，腦海中出現的是你，而不是你的競爭者。

而且，每週寄出一封電子郵件，能讓你出現在他們最親近的裝置上：手機。

顧客每天都盯著手機，如果你每週寄出一封電子郵件，提醒他們你是嚮導，可以協助他們解決問題，提供協助和支持，以及大量免費的價值，他們會繼續訂閱你的電子郵件，因爲你跟他們的朋友、家人、同事一樣在同一個裝置上溝通。取得進入那個神聖領域的權利非常關鍵。

如果你沒有好好運用電子郵件培養客戶的力量，而你的競爭者正在做，那麼他們就會在市場上打敗你。把有價值的內容，持續寄給名單上的潛在顧客，這是非常關鍵的。

以電子郵件培養顧客，是打持久戰的好方式

建立一套培養顧客的電子郵件，就是準備打一場持久戰。

不要氣餒，每週寄出一封電子郵件，可能要持續七年，顧客才會購買。

你要繼續保持聯絡，直到顧客願意購買。

你可以在顧客準備好之前就詢問是否購買。如果你的電子郵件提供的價值夠多，他們就會持續訂閱，即使現在還沒有興趣購買。

一段關係中的承諾，需要時間。無論戀愛、友誼、生意，任何關係都一樣，尤其是跟顧客建立的關係。

如何處理退訂者？

退訂按鈕是你的好朋友。你不想浪費顧客的時間，而且你也不願意看到名單上都是不想收到訊息的人。

你的顧客可以在任何時間點停止訂閱，所以你不需要覺得打擾到他們而有罪惡感。這年頭每個人都知道如何取消訂閱，所以，如果顧客沒有取消訂閱，就表示他們喜歡你，而你應該覺得這樣很好。

你也不需要煩惱顧客沒打開你的電子郵件。我從很多家公司訂閱這種電子郵件，我很少打開，但是這些郵件還是很有力量。爲什麼？因爲當我快速掃過或刪掉那封電子郵件時，我會看到公司的名字，頻率是一週一次或更多次，這是很棒的品牌露出。即使對方寄來很多封電子郵件我都沒有讀，但因爲是它們寄來的，我就被提醒，它們是存在的。所以，當我準備好要購買一雙鞋子、一把電動工具，或是跟貝絲的度假行程時，我知道要跟哪家公司聯絡。

一封電子郵件應該達成什麼？

很多人——如果不是大部分人——不會打開你的電子郵件，但是頗大比例的顧客會打開。這表示我們需要寫幾封眞的很重要的電子郵件。

接下來，我會給你一些公式，讓這件事更容易，而且更好玩。但是現在先從高層次來檢視，一封電子郵件應該達成什麼：

▼ **解決問題**。絕對不要錯失告訴人們爲什麼你很重要的機會。爲什麼你很重要？因爲你能解決某個特定問題。告訴顧客那個問題是什麼，他們會永遠記得你。

▼ **提供價值**。你能提供給潛在顧客什麼資訊、管道、竅門，協助他們得到他們想要的？

▼ **提醒他們你有個解決方案**。如果你不是把自己定位在能解決某個問題，那就不要提到那個問題。你的產品是什麼，能爲顧客解決什麼問題？

▼ **把顧客送回你的網站**。他們來過一次，下載了你的名單蒐集磁鐵，就

表示他們有興趣。現在他們有了全新的視角，是時候把他們送回你的網站了。你的網站是絕佳的說服工具：把顧客送回網站，你又有機會再推銷一次。

我們許多客戶在賣產品或服務時，會覺得遲疑，不希望自己看起來像市儈的推銷員，煽動情緒、強力推銷要顧客掏錢出來。

而培養顧客的電子郵件有個很大的特色是，它提供的價值是免費的。當然，你會提到你有很多產品，但這不算強力推銷。

培養顧客的行銷方式比推銷產品更有力量，它把你定位成顧客一直在尋找的永遠的嚮導。老實說，培養顧客的電子郵件行銷，目的是確定顧客知道，在你的專業領域，你是他們第一個想到要找的人。

這表示你給出的所有資訊，應該是你對顧客生活中某件事出狀況時的專業建議，還有怎麼做會讓他們的生活變得更好。

如果你賣的是運動鞋，你可以告訴顧客，爲什麼以前的鞋子都穿不久，爲什麼會下背痛，爲什麼穿上正確的鞋子能讓他們變成運動好手。

如果他們希望更進一步了解，就可以購買你的鞋子。

如果你賣的是管理顧問服務，你可以談的是，爲什麼一般管理學的假設是錯的，經理人會犯那些錯誤，或是建立一套執行計畫的必要性。

如果他們希望更進一步了解，就可以購買你的顧問服務。

你要繼續提供資訊給你的顧客，說明爲什麼目前少了你的產品的生活是行不通的，同時把你的產品定位在如何解決他們的問題。

培養顧客電子郵件的基本架構

培養顧客有很多方式。爲了讓你寫出一份初步且有效的電子郵件，我在下面列出三種郵件類型，這些都很容易做，而且馬上見效。

類型一：每週一次公告

每個星期一早晨，我們會寄出一封培養顧客的電子郵件，內容是我們的podcast簡介。我們的podcast由專家傳遞能協助企業成長的內容，這表示我們名單上的潛在客戶每週都能收到一些有益的內容。

利用電子郵件來公告本週podcast，眞正的威力是，讓我有藉口每週寄一封電子郵件給我的客戶，而且，每封電子郵件都解釋我們如何透過訪問專家，傳遞更多價值。

老實說，我們很難知道哪種做法對業績成長比較有價值，是podcast本身，還是我們每週宣布每一集的來賓是誰。這兩種都是很棒的接觸點。

每週寄一封電子郵件給顧客，你可以寫些什麼？每週一次焦點產品？每星期一早上的管理祕訣分享？還是讓顧客變成厲害吉他手的系列教學？

找個理由寄電子郵件給你的顧客，藉此提醒你的存在。

雖然培養顧客電子郵件的目的並不是要推銷產品，但你還是應該在郵件最後提到你的產品。這種提及並不是強力銷售，只是個小提醒，讓顧客知道你在做什麼、你創造的產品可能會解決他們的問題。

金融制度是否把你榨乾了？
金融市場對小企業的實質影響有多大？可能比你想得還嚴重。案例顯示，你不知道的因素可會傷害你，還有你的員工。在今天的podcast中，喬許·羅賓將談談財務顧問、投資，以及退休金提撥計畫，讓你具備充分資訊，做出明智決策，避免被占盡便宜。
現在就聽

圖 8-1

在我們公司每週一次的 podcast 公告中，我們更進一步。雖然這封電子郵件的目的是讓人知道我們的 podcast，但我們還是在郵件最後加上一個短廣告，提醒訂閱者我們的產品是什麼。

圖 8-1、圖 8-2 是其中一封每週電子郵件的範例，包含醒目的標題

（金融制度是否把你榨乾了？）、本週podcast內容的簡短描述、行動召喚（現在就聽）、短廣告（故事品牌實體行銷工作坊），以及第二次行動召喚（現在報名）。

故事品牌
實體行銷工作坊
5月19、20日
納許維爾
田納西州
現在報名
故事品牌行銷工作坊特別版，千萬別錯過！
越來越多公司體驗過「故事品牌」架構的威力，我們的行銷工作坊越辦越大，但下一場有點不一樣。
下一場工作坊時間是5月19和20日，地點是納許維爾克萊門汀大會堂。克萊門汀大會堂環境優美、氣氛親密，而且這可能是我們最後一次舉辦實體的小團體行銷工作坊，千萬別錯過！
現在報名

圖 8-2

類型二：每週一個祕訣

另一種每週一次電子郵件的型態，就是分享一些跟你的產品跟服務相關、可以讓顧客生活更好的祕訣。

你可以每週都分享相關的主題，例如雞尾酒或食譜，你可以分享祕訣，協助他們安排家務、時間或生活。

如果你很難決定要寄送什麼祕訣，可以對你的訂閱者做問卷調查，找出他們想知道什麼內容。他們需要什麼協助？每週都會碰到的前三個問題是什麼？

你也可以研究一下社群媒體平台，分析哪些貼文有最多互動。是否有什麼照片或祕訣很容易吸引你的族群？把那些當作起點，創造出全新且對他們有幫助的內容。

如果你是賣廚具的商家，你的顧客想變成很厲害的家庭主廚，但是卻對調味料一無所知。那就帶他們去調味料學校！每週寄給他們某種調味料的描述，教他們使用方法、這些調味料是哪裡來的、爲什麼加在菜餚裡會好吃。然後，拜託一定要記得給一份食譜。（順便一提，如果你們有誰要做這個主題的電子郵件行銷，請加我！）

以下是每週一次電子郵件行銷的主題，這些對我們的客戶幫助很大：

- ▼減重祕訣
- ▼雞尾酒配方
- ▼時尚祕訣
- ▼領導祕訣
- ▼週一激勵祕訣
- ▼跟你的小孩每週運動一次
- ▼新的瑜伽姿勢
- ▼社群媒體行銷祕訣
- ▼小狗訓練祕訣
- ▼個人安全祕訣

▼ 一年份的每週園藝工作

▼ **父母跟青少年之間的語言翻譯**

你可以提供給顧客的事項是沒有止盡的。記得，你是專家，而他們想知道更多。發揮你的權威，把你知道的教給他們！

這種類型的電子郵件結構滿簡單的。

你可以把它想成是一篇部落格文章，或是雜誌短文。

▼ **清楚的主旨**。這不是表現巧妙的時候。主旨可以吸睛，但一定要清楚顯示內容是什麼。如果我還得猜內容是什麼，我就不會打開這封郵件。

▼ **說出問題**。用一個短句描述顧客的問題，並且讓他們知道你會提出解決方法。

▼ **傳達策略、祕訣或價值**。只要讓他們知道如何解決問題就好。如果可

以，把問題分成幾個步驟。記住，即使是電子郵件也應該視覺化。

▼ **把自己定位成嚮導**。方式是表達同理並展現權威或能力。要確認你用一個短句陳述，你如何或爲什麼在乎顧客的掙扎或煩惱，然後讓他們知道爲什麼你有能力提供協助。

▼ **讓他們知道你有產品要賣**。最後，一定要提到你的產品或服務。你會因此得到幾張訂單，但那不是重點。重點是繼續帶著潛在顧客通過記憶力訓練，讓他們記得你解決的問題是什麼、你賣的產品是什麼。

以下是一封有效的每週電子郵件的範例：

減掉最後七公斤的十個要點

我們知道，減重要減掉最後的七公斤，之前遵循的方法已不再適用。

到了最後的七公斤，你會突然進入一個全新的宇宙。

我們的醫師和研究人員發現一個原因：你的設定點已經改變了。意思是說，即使你還有七公斤要減，但身體覺得你已經很瘦了！

別擔心，我們已協助好幾千人減掉這最後的七公斤，我們也可以協助你。

關鍵是你必須保持活躍，認眞面對。你要像個棒球打者面對投手那樣面對它。

設定好策略，你會成功的。

不要再拖，下面是減掉最後七公斤的十個要點：

1　讓你周圍的人知道你正在減重，然後找一個有責任的夥伴或團體。

我們相信，當你周遭環繞著志同道合且積極進取的人，會大幅增加你成功的機會。（我們每天都看到它發生！）

2　櫥櫃、冰箱、食物儲櫃裡所有不健康的東西都拿走。

爲什麼家裡要有這些不符合你的目標的食物呢？移除這些誘惑＝移除障礙！

3　根據一餐攝取四百到六百大卡的目標，列出購物清單。

不要盲目去超市購物。事先寫好一份清單，進入超市後，限制自己只能去全食和健康食品的貨架區。（還有一個祕訣：除了清單之外，你還可以給自己限制購物時間，這樣就不會隨意逛。如果你是帶著小孩的爸爸或媽媽，孩子會喜歡這個遊戲！）

4　少吃幾餐。

如果醫生同意，你可以偶爾少吃一頓早餐、午餐或晚餐。越來越多研究顯示，讓腸胃休息一下，其實對你有好處。這能讓你知道不吃東西也行，穩定血糖，並且刺激身體開始燃燒脂肪。你可以計畫每週少吃三到四餐，享受一段休息時間，你的身體真的很需要休息。想知道更多嗎？Google搜尋「間歇斷食」，自己做一點研究吧。

5　喝更多水！

找個水壺幫你追蹤每天喝了多少水。培養這個新習慣的時候，如果你常常忘記要喝水，可以在手機上設鬧鐘幫忙。

6　寫下自己吃了什麼。

寫卡路里日記，但不只是爲了記錄卡路里，而是藉由紀錄來練習覺察。一天當中吃過什麼東西，大部分人會忘記其中一半。寫下自己吃了什麼，你會開始看到可以改善的模式和趨勢。誰會想寫下每天結束前那一碗冰淇淋呢？

7　增加每天攝取的蛋白質。

身體儲存蛋白質的速度不像儲存碳水化合物那樣快。蛋白質是製造肌肉的材料，而肌肉會幫助你消耗更多卡路里。所以，每天攝取的蛋白質，而且要選擇非變性乳清蛋白，你會比較容易瘦下來。

8　停止壓力。

壓力跟體重似乎同時上升，這不是你的想像而已。壓力會提高身體的可體松濃度，讓身體儲存更高比例的脂肪。

9　晚上就寢前飲用乳清蛋白。

讓身體在你睡覺時分解蛋白質，也有助於釋放頑固的小腹脂肪。（越睡越瘦是眞的！）

10 **每天晚上睡眠要充足而且不間斷。包括適量的褪黑激素。**

睡眠是任何健康生活的必要條件。你的身體每天晚上需要七到八小時休息。睡得比這個時間少，即使你不覺得疲倦，也會讓你的身體無法發揮最佳狀態。

我們知道甩掉的最後七公斤有多難，但我們也知道，這是做得到的。而且不只是做得到，還可以很有趣！

我們的健身房協助過一千兩百四十五位顧客成功減掉七公斤。那是因爲，加入我們每兩週一次的健身課，你會先學到身體如何燃燒脂肪，否則我們甚至不會讓你舉起一根手指頭。

如果你想參加一堂免費健身課，只要打電話給我們就可以了，我們會很高興能協助你。

想減掉最後的七公斤（或是最初的十公斤！），我們就是你要找的人。

現在就打電話，我們會爲你預定下一堂健身課。

們。

請聯絡：

吉姆史密斯

健康體適健身房

備註：帶一位朋友來，我們提供兩位前兩週免費優惠！現在就撥電話給我們。

這封電子郵件有個很棒的地方是，無論顧客是否付錢給這家健身房，它都提供解決問題的辦法。而且如果顧客想要，它會握著顧客的手一起解決問題。

如果有你的幫助，減掉那最後七公斤的機會當然會增加很多。即使你覺得這些資訊已經夠清楚了，但你的顧客可能是第一次減重，或是需要一個提醒。

這封電子郵件能夠贏得信任，加強連結。

這封電子郵件另一個很棒的地方是，它其實可以變成連續十週、每週一次的電子郵件。每個要點個別發展，就可以變成十份優質的內容，立刻就能派上用場。等於一個顧客有十次接觸點！

類型三：每週一次通知

我跟你一樣，對於感興趣的產品，我會跟那些公司訂閱電子報。有些電子報的資訊可能是有幫助的，但大部分是因爲我想看它們推出什麼新產品，或是想收到特價通知。

如果你的品牌經常推出新產品，那麼你培養顧客的電子郵件只要放上目錄型式的頁面，顯示哪些是新產品。你不需要想太多。

雖說如此，偶爾可以在電子郵件裡提到這些產品是怎麼製造的（始終是爲了解決顧客的問題），或是使用產品的小祕訣，這會增加整體的深度，也會爲你的品牌注入一些個性。

最近我提供顧問服務的一家鞋子品牌，想知道增加營收最快的方式。它們在品牌塑造上花了很多心力和金錢，寄給顧客一封又一封電子郵件，談論這家公司的任務，但是卻沒有做到最快使公司成長的一件事：寄出有鞋子照片的電子郵件。

我建議它們把潛在顧客名單分成四份：男性、女性、青少年，以及有小孩的父母，然後針對這些特定族群寄出有不同鞋子照片的電子郵件。

我提供顧問服務的另一家公司位在德州沃斯堡，那家公司的業績增加，就只是因爲寄出有卡車照片的電子郵件。它們那時候是（現在也是）全世界最大的二手起重吊車公司。我們決定在每週一次通知裡放什麼？星期二卡車：每星期二寄出電子郵件，顯示的照片是最近加入清單的卡車。假如你是開卡車的，誰會不希望每週收到一封這樣的電子郵件？我已經有一輛卡車了，但每一封我還是會點開來看。

這種每週一次的產品通知，關鍵是，一定要讓顧客知道最新的、令人興奮的東西。

這種類型的電子郵件行銷，當然，你會想在產品旁邊放「立即購買」或「前往商店」這些直接行動召喚。

其他類型的每週一次通知，我們的客戶用得很成功，包括：

- ▼ 當週活動日曆
- ▼ 餐廳每週特別菜色
- ▼ 每週新到貨品清單
- ▼ 當週主推植物（園藝中心）
- ▼ 附近社區新釋出的待售房屋
- ▼ 值得關注的股票
- ▼ 特別優惠，例如本週打九折
- ▼ 每週食譜分享
- ▼ 「如何做」每週影片分享

我們看過一些公司犯了很關鍵的錯誤是，在培養顧客的電子郵件裡放了太多公司的資訊。每週寄給潛在顧客的電子郵件是在介紹不同的公司職員，這並不會解決顧客的問題，而且他們也不會有興趣。

還有，電子郵件標題一定要清楚，讓人們知道不要錯過正在尋找的東西。

慢慢開始，享受過程

培養顧客的電子郵件有一個好處是，它完全是自動化的，你不需要每週都增加東西。只要好好寫出幾封電子郵件，一旦開始看到顧客連結增加，你會有動力再多寫幾封。很快你就會有五十二封傳遞價值又贏得信任的電子郵件。

如果你還沒開始寄培養顧客的電子郵件，而且每週做這件事讓你覺得有壓力的話，別擔心，先慢慢開始。只要將你已經寫好的內容重新利用，改變它的用途。如果你不擅長寫作，那就聘請一個文案專家。我自認寫作能力還不錯，但我一直都有聘請文案寫手，因爲我喜歡看他們寫的東西，我喜歡用新鮮有趣的語氣來傳遞這些文字。

可以從哪裡得到內容的靈感？

一旦你理解到，寄電子郵件既容易又有趣，你會開始看到機會。許多人可以想出五個或十個寫PDF的點子，但你只需要寫出一個就好了，不如就把其他四個或九個本來要寫PDF的點子，變成培養顧客的電子郵件。

你也可以詢問潛在顧客想收到什麼訊息。每週一次食譜是否有幫助？每週一次健身激勵？你的顧客可能會有一些很棒的點子。

總而言之，如果你沒有至少每週寄一封電子郵件給潛在顧客，你將錯失良機。比錯失良機更糟的是，你會被忘記。

希望你的企業成長，你可以像我說服貝絲跟我結婚一樣，方法就是一直在她家外面騎著腳踏車繞來繞去。如果你既能幫忙、人又好，而且不會嚇到對方，最後對方可能眞的會跟你結婚，或是，買你的產品。

第九章

以電子郵件促請購買

如何成交

培養顧客的電子郵件，重點在於傳遞價值與贏得信任；而促請購買的電子郵件，重點則放在成交。

在寫促請購買的電子郵件時，要把它視爲一個分享的機會，讓顧客完整知道你的產品會如何解決他的問題，並且眞的開口請他購買。

寫促請購買的電子郵件，你不能害羞。這是挑戰你的顧客採取行動解決問題，就在今天。

給出某個東西讓顧客接受或拒絕

促請購買的電子郵件，是要給顧客某個東西讓他接受或拒絕。記得，你經營的這段關係是友善的、和氣的、有幫助的商務關係，而商務關係的本質就是交易。

如果你害怕要求顧客掏錢出來交換你的產品或服務，你就是不相信自己的產品或服務。你不相信它會解決顧客的問題、解決他們的痛苦或改善他們的生活。如果是這樣，去找一個新產品。但如果你眞的有一帖藥可以解除人們的痛苦或問題，那就把它賣給他們！那就是應該做的事。

許多人採用被動攻擊的銷售策略，他們會提及產品，但是從來不說：「爲什麼不今天就買一個呢？」或「你想訂幾份？」

被動攻擊的銷售策略，顧客會認爲它很弱。那就像我當年約會的時候，如果我一直跟某個女孩說她今天很漂亮、我喜歡她對音樂的品味、我們正在讀同一本書，卻沒有在某個時間開口問：「是不是可以跟妳訂個時間約會？我想繼續跟妳聊天。」這段關係就會變得很奇怪。對方會想知道你到底想要什麼，這段關係會怎麼發展。人們會想接受或拒絕某個東西。

如果太早要求承諾，確實會感覺很怪，但是你已經跟顧客建立關係到這個階段了，你可以詢問對方是否做出承諾。我允許你這麼做。

並不是每個人都願意承諾

另一個要記得的是，促請購買並不會使每個人都轉換成顧客。大部分人還是不會購買，但是那沒有關係。你沒有浪費他們的時間，也贏得被聽到的權利，沒有人會因爲你要求承諾而怪你。主動開口要求對方購買，你會被一些人拒絕，但是也會有人接受你的要求。害怕被拒絕的商務人士有個名字：窮光蛋。

培養顧客或促請購買，哪個先？

我們建議先促請購買，大概執行一週左右，然後進入培養顧客的階段，這樣可以讓你保持在這段關係中。

如果你在想：爲什麼我們會建議在還沒有贏得被聽到的權利之前就先促請購買？別忘了，我們已經利用行銷金句、網站和名單蒐集工具贏得那個權利了，現在就可以邀請顧客購買。如果顧客沒有買，我們就利用培養顧客的電子郵件來跟他們保持關係，等他們準備好要做出承諾時，就會記得我們。

但我們仍建議你先寫培養顧客的電子郵件。爲什麼？因爲就算沒有發送促請購買的電子郵件，大部分公司的業績還是會成長。培養顧客的電子郵件就是這麼有力量。但是別搞錯了，促請購買的電子郵件是會發揮作用的。我們看過客戶做了很棒的網站、名單蒐集工具、培養顧客的電子郵件，接著加入促請購買的電子郵件之後，業績增加兩倍。

你一定會喜歡這個很有價值的工具。

在寫促請購買的電子郵件時，以下是一些提醒：

▼ **決定好要賣哪些產品。**不像培養顧客的電子郵件，促請購買的電子郵件最好鎖定特定產品。你可以針對不同產品設計不同的促銷活動，但是同一波促銷不要放好幾樣產品，或是試圖一次賣出好幾樣產品，這樣會讓顧客覺得困惑。

▼ **明確指出這項產品解決的問題。**我知道，我已經說過很多次了，但我還是要繼續說，因爲實在太多人忘記這一點。如果你在寫一部劇本，我也會一直提醒這件事，每一個故事、每一個場景、每一個角色，只在有問題需要解決的時候，才會有意義。你的促購行動也是一樣。促購不只是要賣出產品而已，它是要解決問題，而這項產品就是人們解決問題時需要的工具。你的產品，只有在協助顧客克服問題，或是打敗壞人的時候，才會閃閃發光。如果你忘記那個問題，產品就沒有任

何意義。所以要決定好，哪個問題是這波促購要協助人們解決的，在電子郵件裡一直不斷談論它。

▼**把整封電子郵件變成行動召喚**。培養顧客的電子郵件包含了行動召喚，所以這些郵件也能達成不錯的銷售。但是促購電子郵件不一樣。培養顧客的電子郵件是藉由解決問題來增加價值，最後加上行動召喚；而促購電子郵件的焦點就是行動召喚，每個字、每個句子、每一段，都必須是同一個目的：促請讀者下單。邀請顧客下單還不夠。在銷售的脈絡裡，禮貌的邀請聽起來很弱，而且看起來不像是真的相信自己的產品。在促購電子郵件中，你要強力鼓勵你的顧客下單。

▼**讓顧客限時購買**。不需要每一封郵件都做限時購買，但是如果可以的話，你應該這麼做。告訴顧客，購買的機會，或是得到額外優惠的機會，正在消失。你會注意到，大部分電影中，英雄都面對某種時限。快要沒時間了，會迫使人們行動。在電影裡有用，在行銷也會有用。顧客知道，並沒有無限制的時間做選擇，他們就更可能會採取行動。

這跟培養顧客的電子郵件不一樣，促銷活動不能太長，甚至沒有結束時間。創造一種急迫感，你會得到更好的結果。

動手寫促購電子郵件

要寫出精彩的促購電子郵件，比較像是藝術，而非科學，但還是有一些公式能讓你第一次嘗試就更加成功。當你越來越熟練寫促購電子郵件時，就能把這些點子重組搭配，但一開始先用模板來寫也沒什麼壞處。我幫客戶代筆寫這些電子郵件已經很久很久了，有時候我還是會運用這些公式。

以下是一套容易做到公式：

第一封信：把內容資產交給顧客（例如「如何使用」）

顧客交出他的電郵地址，所以你的第一封郵件應該是你答應要給顧客的內容或名單蒐集工具。這封郵件應該要簡短，不要賣任何東西，只要給出你答應要給的免費內容。唯一應該加入的是你的行銷金句，再次提醒潛在顧客爲什麼你會存在，以及你可以解決什麼問題。謝謝他們下載，然後就把內容交給他們，記得加上你的行銷金句。給顧客一、兩天閱讀你提供的內容，不久之後我們就會喚醒他們。

第二封信：問題＋解決方式

第二封電子郵件也許過一陣子才會寄出，爲顧客指出你將要解決的問題，接著表示了解顧客的痛苦並給予同理，然後提出能夠準確解決顧客痛點的方案，以此來介紹你的產品或服務。這時候當然要推銷產品，但是也不要期望顧客這時候就會下單。通常是第三次、第四次或第五次電子郵件，才會眞正成交。不過，第二封電子郵件一定要讓顧客知道，我們要請他購買。別忘了，你要給顧客某樣東西讓他決定接受或拒絕，這就是第二封電子郵件的目的。

第三封信：使用者見證

如果一切成功的話，最後一封郵件要讓潛在顧客想得到你提供的東西。但是顧客不想衝動購買，他們可能會有的感覺是，自己好像被當成冤大頭。當然他們不是冤大頭，但是我們必須協助他們了解，我們是安全的。人會覺得安全的方法之一是，有更多人加入，這就是爲什麼使用者見證如此重要。你要找到某個使用你的產品或服務而且有成功經驗的人，把那個經驗寫下來。記得，見證要簡短，擷取有力的話語，這封郵件不要太囉唆。通常你會從這封郵件開始看到令人興奮的成果。

第四封信：克服抗拒心理

到這個時候，許多顧客會想購買，但即使知道自己想購買，心裡還是會有疑慮，因而裹足不前。第四封郵件，你要幫助顧客克服這種常見的抗拒心理。

不必擔心無法應對每個收信者各式的反對意見。潛在顧客的抗拒可能是情緒上的，在這封郵件中，你提出類似的反對意見，就能關注到他們的情緒。協助他們克服反對意見，就能移除他們對購賣的抗拒心理。

第五封信：典範轉移

這是另一個能夠克服顧客抗拒心理的方式。不管你賣的是什麼，許多顧客會覺得他們已經都試過了。舒服的瑜伽褲？試過了。只用有機清潔劑的家事清潔服務？以前請過了。如果顧客覺得他們已經用過這類產品或服務，而且沒效，你就沒戲唱了，他們當然不會下單。但是，如果你能解釋你有哪裡不同，而且其實他們沒有試過你這種產品，他們就比較可能會用全新的眼光看你。典範轉移是一種語言，它說的是：「你以前是那樣想，但現在你要這樣想。」典範轉移是很有力的工具，讓人們重新考慮購買你的產品。

第六封信：促請購買

在第六封郵件中，只要開口要求購買就好。你沒聽錯，不是促銷，而是要求購買。在這個階段，顧客除了接受或拒絕我們的產品或服務，我們不希望顧客想到別的事。這時候是提出限時方案的最佳時機。購買機會是不是要過期了？額外優惠是不是要過期了？如果是，就在這封郵件的附註裡提出來，你會成功的。

你可以創造出一百萬種促購電子郵件，但是，每一封郵件，還有這六封郵件的特定順序，已經用在我們幾千位客戶身上，證實是有效的。

第十章

如何執行極簡行銷銷售漏斗

步驟指南

現在你已經擁有建立銷售漏斗的每一項工具，你還需要建立一套執行策略，而且一定要執行到底，讓銷售漏斗動起來。

執行是最重要的

讀了這本書，很多人會覺得找到希望。我相信是的。但是，除非去執行，否則充滿希望的感覺並不會累積成任何東西。

我朋友道格最近對他太太說，他打算多幫忙家事。他太太促狹地看著他說：光是「打算」，並不會讓米變成飯。道格明白這個道理，於是閉上嘴，乖乖做事。

還記得這本書最開始時，我提到J. J.的博士論文嗎？他證明了我們的訊息架構能幫助任何企業的業績成長，但是，這取決於企業實際上執行這套計畫的程度。

訂出一個策略來執行你的銷售漏斗，確保它眞的會發生。

現在就安排六場會議，確保執行

爲了執行你的銷售漏斗，你必須安排六場會議。必須出席這些會議的人有：網頁設計師、文案寫手、簽核的經理，還有任何協助團隊成員執行計畫的後勤人員。

透過一連串策略會議來發展並執行你的銷售漏斗，是爲了建立目標系統，以及安排責任，讓你的團隊建立一套良好的執行計畫。要讓所有團隊成員理解自己的角色及任務，並給予期限，以達到這些基準點。

如果你是獨自建立銷售漏斗，你還是要按照這套會議期程。你可以邀請外聘的專業工作者一起開會。請他們來開會，有助於確保對方了解這些期待，長期下來也能節省創作時間。

以下是你要安排的六場會議：

1 **目標會議**

2 **品牌劇本和行銷金句會議**

3 **網站架構會議**

4 **名單蒐集工具和連續電子郵件會議**

5 內容精修會議

6 結果分析及改善會議

第一場：目標會議

第一次會議的主要目標是，決定要建立哪個銷售漏斗。

這看起來似乎是個很容易回答的問題，但是它比你想的還要複雜一點。公司的目標是什麼？公司正在過渡時期嗎？目標是單純增加營業額，還是某個部門的成長？

我主持一整天的行銷策略課程時，一開始我會先確認，我們建立銷售漏斗的目的是不是單純增加營業額。如果目的是增加營業額，讓公司業績成長，那麼我的工作就很簡單。

如果公司的領導者想透過增加營業額讓公司成長，那麼我的第二個問題是：「目前公司哪個部門或產品在市場上是最有利潤的？」

我問這個問題的原因是，許多企業領導者太親近自己的產品或服務了，反而看不到公司必須走的明顯方向。

爲了讓大家了解商業運作，我通常會用一艘帆船來比喻。就是那種有二十幾張風帆的帆船，一層一層疊起來，鼓漲著讓整艘船往前推進。

我問最有利潤的部門或產品是什麼，想知道哪張風帆是讓整艘船前進的最大力量。我也想知道哪個產品或服務是最沒有利潤的（或最不成功的），然後我會問一些問題來決定要花多少心力在這些項目上。

我們要賣的產品是什麼？

要讓公司成長，我認爲應該減少那些沒有鼓起的風帆尺寸，增加鼓起的風帆尺寸。

這跟大部分企業領導人處理產品或服務的方式不一樣。大部分人爲了讓公司成長，會試圖讓不賺錢的項目開始賺錢，而忽略那些賺錢的項目。但是，除非賺錢的產品具有市場獨占性，否則這很可能是提油救火！

無論如何，目標會議的目的是，找出要賣的產品是什麼。

決定到底要賣什麼之後，我們應該設定目標和期望。通常我們設定目標是透過建立三個數字：第一個數字是實際目標，第二個數字顯然低很多，代表失敗。我說失敗的意思是，如果賣出的產品這麼少，我們必須分析產品本身和宣傳策略，找出問題是產品本身，還是我們推銷它的方式。第三個數字很好玩，那是延伸目標。如果達到延伸目標，就知道我們勝券在握了。

一旦知道你要賣的是什麼產品、你的目標是什麼，接下來就可以精確定調這個產品的訊息。

第二場：品牌劇本和行銷金句會議

決定好你要先建立哪個銷售漏斗之後，就開始撰寫會用在銷售漏斗的內容。

這是第一場內容會議，你要建立你的品牌劇本和行銷金句。如果你不熟悉品牌劇本，請到MyBrandScript.com，這裡有免費工具可以運用。利用這項簡單的工具，能協助你想出你可以使用的語言，來填充你的銷售漏斗。這會節省好幾個小時、甚至好幾天的時間，並且確保你使用的語言能抓住顧客。

品牌劇本和行銷金句會議，所花時間大約是三到四小時。

創作品牌劇本

以下是一份品牌劇本底稿。你也可以在MarketingMadeSimple.com下載免費的空白底稿。

品牌劇本底稿的目的是，確定你完全了解你邀請人們進入的是什麼樣的故事。一旦定義了那個故事，你必須按照劇本走。不斷提到同樣的內部、外部，以及哲學問題。持續告訴人們，他們的生活在解決了問題之後看起來會是什麼樣子。持續把自己定位成嚮導。在任何情況下都不可以背離劇本，不然，你邀請人們進入的故事會變得混亂。

在______（你的公司名稱），我們知道你想成爲______（理想身分）。爲了成爲那樣的人，你必須______（主角想要什麼）。問題是______（外部問題），讓你覺得______（內部問題）。我們相信______（哲學問題／宣言）。我們了解______（表示同理），所以我們______（展現權威）。我們知道這樣做會有效：______（計畫：第一步、第二步、第三步）。現在______（行動呼籲），你將不再______（失敗），並且開始______（成功）。

一旦完成這份底稿，你要大聲讀出來，確認它聽起來很自然。

有時候字面上看起來不錯，但是大聲說出來的時候，聽起來並不好。利用這個機會修改一些字詞，讓它聽起來更好。

現在，這份品牌劇本底稿可以當作一道濾網，幫助過濾其他內容。

打造行銷金句

行銷金句就是品牌劇本的濃縮版。用品牌劇本底稿作爲濾網，打造行銷金句，這樣過程會比較容易。

你要面對的是什麼問題？顧客體驗到的是什麼結果？

行銷金句必須花點時間思考，一定要聽起來很棒，而且琅琅上口。

以下幾個問題，可以用來確認你的行銷金句能否通過「故事品牌」的測試：

- ▼當你大聲說出來的時候，聽起來是否流暢自然？
- ▼是否有任何地方可以更動，讓行銷金句更琅琅上口？
- ▼是否很容易就能讓員工和顧客記得？
- ▼每個部分是否簡單卻又資訊充分，不會有人問：「那是什麼意思？」

你的行銷金句可以用在整個行銷活動中，甚至可以用在電子郵件簽名檔，放在培養顧客和促請購買的電子郵件中。你可以用在網站、登陸頁面、宣傳手冊或店內標語等等。

行銷金句可以作爲整個行銷活動的準則。如果之後寫出來的任何文字不太符合行銷金句，就要修改。如果你邀請顧客進入的故事沒有前後一致，會讓人困惑。

結束第二場會議之前，最後一件事是，決定每項工作由誰負責，每個項目的截止日是什麼時候。

以下是第二場會議的議程綱要：

1 會議開場：

① 介紹與會者：強調大家聚在這裡是爲了討論某些重要的事。

② 說明開會目的：讓每個人都清楚這家公司是做什麼的。

③介紹品牌劇本和行銷金句的概念。

2　創作品牌劇本：

①介紹與確立目標

②團體腦力激盪

③決定

3　打造行銷金句：

①介紹與確立目標

②團體腦力激盪

③決定

4　指派工作和截止日。

5　提醒下一場會議是網站架構。

第三場：網站架構會議

第三場會議的氣氛就不一樣了。你的團隊會充滿活力、聚焦，對這次行銷活動可能非常成功而感到興奮。團隊也會覺得有組織、上軌道，這又讓人更興奮。

第三次會議的目標是做出網站或登陸頁面的架構。做出網站或登陸頁面的架構，最棒的是可以趁機練習記憶整個行銷訴求。網站上會納入幾乎每個說法，並且把這些說法組織起來，讓潛在顧客覺得清楚明瞭。

不過，也很重要的是，對你的團隊成員來說，這個行銷訴求會開始產生意義。在這個練習過程中，如果有人說：「哎呀，我自己都想買了。這個產品看起來眞的很棒！」那也不令人驚訝。

我無法告訴你這發生過多少次，在行銷策略會議裡，我本來對某個產品是沒有興趣的，但是在做完網站架構之後，我發現自己就是想要買那個我幫別人賣的產品！

做出網站架構

在這場會議裡，除了網站或登陸頁面的架構之外，盡量不要有任何其他議程。一旦完成網站架構，就結束會議。必須保持專注的原因是，當顧客快要下單時，你的網站很可能是最重要的工具。當然電子郵件也是很重要，但是，收到電子郵件的人全都會被導回網站。所以，這場會議只要完成網站架構，不要分心。

設計團隊會全力投入在顏色、圖像和網站整體感覺，但是，這場會議你的工作是確立文字調性和基本的版面配置。

我通常會在白板上畫出網站架構，要求會議中的每個人各自在他們的紙本架構上記下我們最後的決定。

爲什麼要每個人各自記下我們的決定，而不是只要一個團隊成員寫下來就好？要每個人寫下我們決定要使用的文字，就好像整個團隊在「同一張紙上」，而且是用每個人自己的筆跡。

解釋完這個過程怎麼進行之後，就從標題開始，再來是利害關係、價值主張等等。

在架構網站那一章裡提過，你不需要完全跟隨本書所講的順序，你可以自由改動，但是要注意，不要太過創意解讀我們的指導。「創意」這個字常常是混亂的掩飾。

還記得有效網站的九大部分嗎？在第三場會議中，你要用它們來架構網站。

▼**頁首**

▼**利害關係**

▼**價值主張**

▼**嚮導**

▼**計畫**

▼ 解釋段落

▼ 影片（非必要）

▼ 價格選項（非必要）

▼ 垃圾抽屜

你可以把本書關於網站架構那一章當作指引。

還有，品牌劇本和行銷金句也要準備好，確定你在登陸頁面使用的文字前後一致。

最後，第三個廠議應該是很好玩、有趣的。會議開始時很正面，結束時應該更是正能量滿滿。

以下是第三場會議的議程綱要，讓這場會議更簡單、清楚、容易。

1 **會議開場：**

①有必要的話，介紹大家，解釋爲什麼這些人參加這場會議。

②說明這場會議的目的：建立網站架構，完成首頁的所有部分。

③介紹今天要處理的網站各個部分。

2 **檢視品牌劇本和行銷金句，解釋這個網站必須主題一致。**

3 **創作網站文案：**

①標題

•它是否回答這些問題：你提供的是什麼？它如何讓顧客的生活更好？顧客可以在哪裡買到它？顧客如何買到它？

•你想用的照片是否有助於銷售，還是讓讀者搞不清楚你賣的是什麼？

②利害關係

•如果顧客不購買你的產品或服務，他們的生活會是什麼樣子？

•你要讓顧客避免的負面經驗是什麼？

③ 價值主張

- 如果顧客買了你的產品，會收到什麼正面結果？
- 如果顧客買了你的產品或服務，他們的生活會是什麼樣子？

④ 嚮導

- 同理心：對於顧客的問題，你會說出什麼來表達同理、關懷或了解？
- 權威感：你如何向顧客保證，你有足夠的能力解決他們的問題？
- 使用者見證。
- 其他：識別標誌、統計數字。

⑤ 計畫

- 三或四步驟：顧客在購買你的產品之前或之後，需要做些什麼？
- 每一個步驟的好處是什麼？

⑥ 解釋段落

・先放行銷金句，然後接著是你的品牌劇本，讓這個段落簡潔、清楚、容易閱讀。

⑦ 影片（非必要）

・決定放哪支影片。

・決定影片名稱。

⑧ 價格選項（非必要）

・視覺上要怎麼呈現價格。

⑨ 垃圾抽屜

4 分派工作和截止日。

5 安排或提醒下次會議時間，下次要討論的是連續電子郵件。

第四場：名單蒐集工具和連續電子郵件會議

第四場會議可能不需要團隊所有人都參加。這場會議主要是分派工作給文案寫手，雖然攝影師、設計師，或是任何處理電子郵件行銷的人也需要知道內容。

第四場會議的目的是，決定名單蒐集工具和電子郵件（包括培養顧客和促請購買）要用什麼文字。

把這些項目放在一起討論的原因是，你使用的文字有些是重疊的。

這場會議最後，你要決定第一個名單蒐集工具的標題及內容大綱、一份可行的培養顧客電子郵件清單、一份促請購買的電子郵件主題和類型清單，這些要請文案寫手執筆。

這場會議中想到的名單蒐集工具和培養顧客的電子郵件，所有點子都要列成一份清單保留下來。因爲任何名單蒐集工具的點子如果用不著，可以用在培養顧客的電子郵件。

這場會議的第一個任務是決定名單蒐工具。不要讓討論一直拖下去，關鍵是大家都同意一個好選擇，很快列出內容大綱，指派給文案寫手，然後就進行下一項。

第二個任務是建立一套促請購買的電子郵件、一套培養顧客的電子郵件，或是兩者都做。

我建議先做促請購買的電子郵件，但是在促請購買的電子郵件之後，一定要至少有六或七封培養顧客的電子郵件。這樣潛在顧客才不會覺得只被推銷，然後就不被理會。

如果你只有時間或心力做八或十封電子郵件，那就先好好寫一套培養顧客用的電子郵件，然後回頭做促請購買的電子郵件，把它安插在名單蒐集工具和培養顧客的電子郵件之間。

完美的行銷活動會有一個很棒的名單蒐集工具，接下來是一套促請購買的電子郵件，再來是一套長期的培養顧客電子郵件。這場會議中你可能無法全部都跑過一遍，但應該要有大幅進展。

這場會議唯一可能會犯的錯誤是，結束前沒有做出明確的決定，好讓團隊據此行動。這場會議應該要有的結果是，一份眞正可以蒐集到潛在顧客電子信箱地址的文件，接下來是一系列電子郵件，跟顧客建立信任，達成交易。

如果你還有時間，你可以加入寫幾封電子郵件，但是不管你寫什麼，一定要把你寫的東西交給文案寫手，由他負責統整行銷活動的文字。

圖像設計師也應該參加這場會議，這樣你們就能討論名單蒐集工具或電子郵件裡要用什麼圖像。

簡單的議程如下：

1 **會議開場：**

① 有必要的話，介紹大家，解釋爲什麼這些人參加這場會議。

② 討論當天會議的目的：決定名單蒐集工具的標題及內容大綱，列出各種你決定要做的電子郵件行銷的大綱。

③ 介紹名單蒐集工具、培養顧客和促請購買電子郵件的概念。

2 檢視品牌劇本和行銷金句，確認內容的一致性。

3 名單蒐集工具：

① 腦力激盪，想出幾個名單蒐集工具的點子。

② 決定要先做哪一個。

③ 寫出內容大綱。

④ 保留沒有用到的點子，可以用在培養顧客的電子郵件。

4 培養顧客的電子郵件：

① 腦力激盪各種可能的類型：

- 每週一次公告
- 每週一個祕訣
- 每週一次通知

② 決定郵件主旨及每封信的要點。你的文案寫手會很喜歡這場腦力激盪想出來的起頭。

5 **促請購買的電子郵件（討論時一邊列出每種型態的內容）：**

①把內容資產交給顧客的郵件主旨

②問題＋解決方式的郵件主旨

③使用者見證的郵件主旨

④克服抗拒心理的郵件主旨

⑤典範轉移的郵件主旨

⑥促請購買的郵件主旨

6 **分派工作和截止日。**

7 **討論下次會議時間。下次會議要精修內容。**

第五場：內容精修會議

這場行銷活動終於要匯集起來了。

我建議印出一份經過設計的書面內容，裡面要有全部的行銷內容，從行銷金句到每一封電子郵件都要。

用膠帶把這些紙張都貼在牆上，這樣在視覺上就能看清楚整個行銷內容。

爲什麼要用實體的紙張？因爲這些行銷內容都在電腦螢幕裡面，不這樣做的話，你永遠沒有機會一眼就看完它們。

事先請一位團隊成員把牆面布置好，才不會浪費時間。東西都貼到牆上之後，把電子郵件的部分印出來發給每個人，這樣大家才能一起讀過一遍。

你可以把這個會議想成電影開拍之前，導演和演員會圍坐在桌邊一起讀劇本。

一起讀劇本的過程，會揭露出劇本的高潮與缺點。如果你跟著我們的指示做，你會很驚訝你的行銷內容有多棒，你也會發現不小心漏掉了什麼。

我自己上一次跟團隊一起讀劇本時，發現我們幾乎沒有提到顧客的問題。眞是個天大的錯誤！

後來我們修補這個錯誤的方法是，寫出定義顧客問題的文字，然後將它插入每一封電子郵件裡面。

這個過程非常重要，重要到有時候我會帶不同顏色的螢光筆去開會，把文字標出來，確定我們做到一個好故事裡的所有元素。我可能會用綠色的螢光筆標出顧客能得到的好處，紅色螢光筆標出顧客正在掙扎的問題或後果。

用視覺化的方式，能讓你看到整個行銷內容是否流暢、是否執行到位。

在這場會議最後，你要安排每個項目推出的時間點。

哪一天推出新的網站？多久寄一次電子郵件？要先進行哪一套電子郵件？

以下是第五場會議的示範議程：

1 會議開場：
說明今天會議的目的：檢視所有項目的內容，並且決定每個項目推出的日期。
2 檢視並編輯行銷金句。
3 檢視並編輯網站內容。
4 檢視並編輯名單蒐集工具的內容。
5 檢視並編輯培養顧客的電子郵件。
6 檢視並編輯促請購買的電子郵件。
7 決定什麼時候要推出這些項目。
8 分派工作和截止日。
9 安排日期，在行銷活動推出大約一個月後開會檢討，做出調整或改善。

第六場：結果分析及改善會議

確認你建立的每個行銷項目是否有效，這很重要。我知道這聽起來很簡單，但是，我們常常會推出行銷活動之後就讓它這麼進行下去，而沒有檢視它是否有效。不要犯這種錯誤。即使獲得最好的結果，還是可以再進步。

行銷活動中哪個部分有效、哪個部分無效？哪些可以改變，而且應該改變？誰要做這些改變？確認以下問題：

- ▼是否有哪封電子郵件比其他郵件有效？
- ▼我們能把有效的元素複製到其他郵件嗎？例如加入附註或類似的文字？
- ▼顧客對我們的訊息中哪些部分有反應？
- ▼顧客對我們的訊息中哪些部分沒有反應？
- ▼行動召喚是否夠強烈？
- ▼最令人困惑的部分是什麼？如何修正？

如果你能得到數據，就檢視這些數據。哪些電子郵件被開啓？來到登陸頁面的人有多少比例會購買？每一封郵件的開啓率？（我喜歡把表現最不好的郵件替換掉，用全新的內容來取代。）

這場會議的目標是，改善、改善、再改善。

以下是第六場會議的示範議程：

1 解釋這場會議的目標是改善行銷活動。
2 把這場行銷活動的電子郵件內容發給大家。
3 檢視數據。哪些有效、哪些無效？
4 修訂、編輯或取代任何沒有效果的項目。
5 討論哪些有效，以及能否在網站其他地方或電子郵件裡使用這些文字。
6 指定哪些人負責執行這些修訂。

執行這六場會議，你應該會看到非常正面的結果。我們的大部分、甚至所有客戶都很驚訝，這些行銷項目簡單、清楚，而且眞的能使業績成長。

建立銷售漏斗必須認眞、努力、有創造力，但它應該不困難，而且應該很有趣！

幾年前我開始玩飛繩釣。其實大部分是因爲可以跟朋友一起去釣魚，我不是很厲害，但我還是喜歡去河邊。

每次釣魚的時候，總是讓我想到行銷。釣魚的人會一直問自己，魚在哪裡吃東西、吃什麼。

如果在開這六場會議時也能這樣想，那你就會做得很好。

結語

想像一下，現在你已經建立一或兩個銷售漏斗，你的業績開始成長，一年之後，你的生活會是什麼樣子？營業額會是多少？這筆營業額能讓你做什麼？如果你跟著這本書列出來的計畫，你就會看到成果。

雖然行銷還有其他層面，但這本書裡講的都是基礎。這眞的是把行銷變簡單了，而且你一定會獲益無窮。

Eurasian Publishing Group
圓神出版事業機構
用心與你對話・視野無限寬廣
先覺出版社
Prophet Press

www.booklife.com.tw　　reader@mail.eurasian.com.tw

商戰系列 241

極簡行銷課：什麼都能賣！創造流量、達成業績的關鍵5步驟

作　　者／唐納・米勒（Donald Miller）、J.J. 彼得森博士（Dr. J.J. Peterson）
譯　　者／周怡伶
發 行 人／簡志忠
出 版 者／先覺出版股份有限公司
地　　址／臺北市南京東路四段50號6樓之1
電　　話／（02）2579-6600・2579-8800・2570-3939
傳　　真／（02）2579-0338・2577-3220・2570-3636
副 社 長／陳秋月
資深主編／李宛蓁
責任編輯／劉珈盈
校　　對／劉珈盈・林淑鈴
美術編輯／林雅錚
行銷企畫／陳禹伶・黃惟儂
印務統籌／劉鳳剛・高榮祥
監　　印／高榮祥
排　　版／杜易蓉
經 銷 商／叩應股份有限公司
郵撥帳號／ 18707239
法律顧問／圓神出版事業機構法律顧問蕭雄淋律師
印　　刷／祥峰印刷廠

2024 年3月　初版
2024 年7月　2 刷

Marketing Made Simple

Published by arrangement with HarperCollins Focus, LLC.
through Big Apple Agency, Inc., Labuan, Malaysia

定價360 元　　ISBN 978-986-134-489-8

Printed in Taiwan

不管你是爲自己或爲企業工作，能爲顧客或老闆的投資帶來豐厚報酬，都是打造個人財富的關鍵。

——《極簡商業課》

國家圖書館出版品預行編目資料

極簡行銷課：什麼都能賣！創造流量、達成業績的關鍵 5 步驟／
唐納·米勒（Donald Miller）；J.J. 彼得森博士（Dr. J.J. Peterson）著；
周怡伶 譯. -- 初版. -- 臺北市：先覺出版股份有限公司，2024.3
304 面；14.8×20.8 公分 --（商戰系列；241）
譯自：Marketing Made Simple: A Step-by-Step StoryBrand Guide for Any Business
ISBN 978-986-134-489-8（平裝）

1. 行銷策略　2. 品牌行銷　3. 銷售管理

496　113000639